Ueber die

praktische Ausbildung der Forsteleven

mit besonderer Berücksichtigung

des Unterrichts

auf der Forstlehranstalt zu Gießen

von

Dr. Eduard Heyer,

Oberförster und zweiter Lehrer der Forstwissenschaft zu Gießen.

Gießen, 1860.

J. Ricker'sche Buchhandlung.

Vorrede.

Wenn es der nachfolgenden kleinen Schrift gelingen sollte, zur erschöpfenden Discussion eines so wichtigen Themas, wie es der forstliche praktische Unterricht ist, Anregung zu geben, so wäre ihr hauptsächlichster Zweck erreicht.

Es kann deshalb nur der aufrichtigste Wunsch des Verfassers sein, daß die ausgesprochenen Grundsätze, nach denen der Unterricht zu ertheilen sei, einer gründlichen Prüfung unterworfen werden, und daß man bei abweichenden Ansichten, auf sachliche Gründe gestützt, die von ihm entwickelten Principien verbessern möchte.

So bedeutungsvoll der Gegenstand an und für sich ist, so wurde er gleichwohl bis jetzt kaum vor das Forum der Oeffentlichkeit gebracht. Aus diesem Grunde mag es fast unmöglich sein, etwas Vollkommenes zu liefern, und kann der Verfasser eine besondere Nachsicht von Seiten des Publikums beanspruchen.

Bei Lösung dieser schwierigen Aufgabe müssen Erfahrung und Abstraction Hand in Hand gehen. Nur durch Zusammenwirken vieler Kräfte und ungeschminkte Mittheilung der Erfolge kann jenes Ziel erstrebt, und die bestmöglichste Unterrichts-Methode allmählich zur Entwicklung gebracht werden.

Gießen im Juni 1860.

Eduard Heyer.

Inhaltsverzeichniß.

§. 1.

Vorbemerkung.

Die praktische Ausbildung des Forstmanns kann auf verschiedene Art erfolgen: durch Autodidaxie während seiner späteren Dienstzeit, oder durch einen besonderen Unterricht vor seiner Anstellung. Den letzteren können wieder beliebige Local-beamten durch einen sogenannten praktischen Cursus besorgen, oder dazu extra bestimmte Fachlehrer auf forstlichen Bildungs-Anstalten ertheilen.

Die Idee, einen derartigen Unterricht auf ein Forstinstitut zu verlegen, ist an und für sich nichts Neues. Des Verfassers Großvater, der verstorbene Forstmeister Wilhelm Heyer auf dem Bessunger Forsthaus bei Darmstadt, hatte bereits zu Ende des vorigen Jahrhunderts eine Privat-Forstlehranstalt gegründet, in welcher der Unterricht aus theoretischen Vorträgen und praktischen Uebungen im Walde bestand. Hierbei mußten die Studirenden alle Waldarbeiten selbst besorgen, mit eigener Hand Culturen ausführen, Holz setzen u. d. m. Somit war die genannte Idee nicht nur gegeben, sondern auch bereits realisirt. Wäre sie nur ausgesprochen gewesen, so dürfte man sich billig wundern, weshalb sie nicht weiter verfolgt wurde. Jedoch auch ihre Ausführung lag vor und hatte gute Früchte getragen. Viele sehr tüchtige Forstleute sind aus jener Schule hervorgegangen. Um so befremdender erscheint ein Zurückbleiben, oder ein Vernachlässigen des fraglichen Unterrichts, gegenüber der Entwickelung und Fortbildung des theoretischen, ungeachtet der mancherlei Klagen über Mangel an praktischer Befähigung der Forstcandidaten.

Dem verstorbenen Professor Dr. Carl Heyer zu Gießen gebührt das Verdienst, die längst vergessene Idee seines Vaters wieder aufgegriffen und die Constituirung eines, dem Stande der Wissenschaft entsprechenden, systematischen Unterrichts auf hiesiger Lehranstalt angeregt und in's Leben gerufen zu haben. Die in dieser Beziehung, sowie über den forstlichen Unterricht überhaupt von ihm hinterlassenen Notizen sind leider nur aphoristisch. Wir werden dieselben sowie die Skizze eines Plans zur Errichtung einer praktischen Forstlehranstalt im Laufe dieser Abhandlung veröffentlichen.

Die Ertheilung des praktischen Unterrichts wurde zuerst von seinem Sohne, dem Professor Dr. Gustav Heyer besorgt, und nach dessen Ernennung zum Nachfolger seines Vaters, dem Verfasser übertragen.

Nachdem in nachfolgender Schrift der kurze Nachweis versucht sein wird, wohin ein derartiger Unterricht zu verlegen ist, soll die Art und Weise, wie sich der Verf. seines Auftrages zu entledigen suchte, etwas detaillirt vorgetragen werden; und zwar deshalb, um damit gleichzeitig Material zur Beurtheilung der noch schwebenden Frage zu liefern, bis zu welchem Grade der praktische Unterricht ausgedehnt werden kann, damit er in einem richtigen Verhältniß zu der Zeit stehe, welche ihm die Studirenden widmen können.

Sodann werden wir zu den Hilfsmitteln übergehen, welche dem Lehrer durchaus zur Disposition zu stellen sind, damit er sein Ziel zu erreichen vermag.

Endlich erlaubt sich der Verf. seine Ansichten über die Maasregeln anzugeben, welche den Studirenden gegenüber zu ergreifen sein möchten, um diese zur möglichsten Aneignung praktischer Kenntnisse zu veranlassen.

Der praktische Unterricht kann, wiewohl vollständig getrennt von dem theoretischen, entweder nur gleichzeitig mit, oder nach diesem zweckentsprechend ertheilt werden, worüber das Nähere folgen soll.

---

§. 2.

Erster Titel. Nothwendigkeit praktischer Unterweisung der Forsteleven zur möglichsten Beschränkung der Autodidarie. Räthlichkeit der Verlegung des Unterrichts auf die Forstlehranstalten.

Der Mangel an Praxis bei dem Neuangestellten wirkt in zweifacher Beziehung nachtheilig: direct, wenn er, und nicht Naturereignisse u. d. m. die Schuld tragen, daß die gewöhnlichen Betriebsoperationen gänzlich mißlingen oder unzweckmäßig und mit unnöthig hohen Kosten ausgeführt werden; und indirect, wenn er Ursache ist, daß außergewöhnliche Arbeiten, von deren Ausführung Wohl und Wehe des Eigenthümers in hohem Grade abhängt, unterbleiben, oder geflissentlich unterdrückt oder höchst mangelhaft, selbst ganz unrichtig vollzogen werden, z. B. Betriebsregulirungen u. d. m.

Dr. Carl Heyer sagt in dieser Beziehung: „Gewiß ist „es eine gerechte Forderung, wenn man verlangt, daß jeder neu „bestellte Revierverwalter zum Antritt seines Amtes schon alle „zur tüchtigen Führung des letzteren erforderlichen praktischen „Kenntnisse mitbringt, und solche nicht zuerst später auf Kosten „der betreffenden Waldbesitzer nach und nach nothdürftig sich er„wirbt. Dorthin gehören nun eine Menge Kenntnisse und Er-

„fahrungen, welche beim theoretischen Studium entweder nur un-„vollständig, oder gar nicht gesammelt werden können, welche aber „theils zur schriftlichen Geschäftsführung, theils zum kunstgerechten „Waldwirthschaftsbetriebe, theils auch zur Besorgung mancher be-„sonderen forsttechnischen Aufträge, wie von Waldwerthrechnungen „und Theilungen, zur Ablösung von Waldservituten und sonstigen „Gerechtsamen u. s. w. ganz unentbehrlich sind. Mangel an „praktischer Bildung wird als Mißstand dann gehörig hervor-„treten, wenn dem längst gefühlten Bedürfnisse einer allgemeinen „Ertragsregelung abgeholfen werden soll.“

Kein Unterricht ist theurer, als der, welcher zuerst in der Dienstzeit ertheilt wird. Kein Unterrichtssystem erscheint weniger gerechtfertigt. Bei einer rationellen Einrichtung hat der Beamte selbst den relativ nur unbedeutenden Kostenaufwand für seine Ausbildung zu tragen. Im anderen Falle entrichtet die Kosten in enormer Größe der Waldeigenthümer; freilich ohne es zu ahnen, weil ihm als Laien die hierzu nöthige Einsicht abgeht. Gleichwohl möchte dieser das Lehrgeld (was ihm freilich hätte erspart werden können) noch bezahlen, wenn nur feststünde, daß auch dafür sein Vermögens-Verwalter das früher Versäumte wirklich nachholte. Allein gerade dem stellen sich bedeutende Schwierigkeiten entgegen.

Der bloß theoretisch gebildete Forstmann muß nämlich mit mancherlei Eigenschaften begabt sein, welche die Eitelkeit und die menschliche Schwäche auf eine gar harte Probe stellen, wenn er die fraglichen Lücken gehörig ausfüllen will. Vor Allem muß er so viel Selbsterkenntniß besitzen, daß er von seinen vielen Blößen vollständig überzeugt ist und immer bedenken, daß ihm mit dem Amte nicht zugleich der Verstand kommt. Ihm muß der Grad von Bescheidenheit eigen sein, daß er von vorn herein viel mehr die Rolle eines aufmerksamen Beobachters und Zuschauers, als die (ihm eigentlich angewiesene) eines Leiters spielt; und daß er vorsichtig abwägt, ob und in wie weit er sich ein intensives Eingreifen erlauben darf, um nicht grade das Entgegengesetzte von dem zu bewirken, was er eigentlich bezwecken will. Er muß endlich soviel Charakterstärke und Selbstverläugnung entwickeln, daß er sich in vielen Branchen seines Fachs offen und ehrlich zu der tragischen Stellung eines Schülers derjenigen bequemt, deren Lehrer er eigentlich sein sollte. Ein Glück für ihn und den Waldbesitzer, wenn er dann gehörig eingeschulte Lehrmeister (Forstschützen, Rottmeister, Waldarbeiter) findet, und wenn er dann auch so gewissenhaft ist, die Demüthigungen eines solchen Unterrichts zu verwinden, selbst auf die Gefahr hin, sich in der ersten Zeit zu prostituiren und an Ansehen bei seinen Untergebenen zu verlieren; denn diese merken seine Schwächen um so deutlicher, je mehr er bemüht ist, sich diejenigen ganz speziellen Kenntnisse zn erwerben, welche zur Erlangung einer wahren Selbstständigkeit so nothwendig sind.

Das Gesagte ist kein Phantasiegebilde, sondern nur Abbildung der Erscheinungen in der Wirklichkeit. (Der Verf. hat selbst diese Schule theilweise durchmachen müssen.) Der schlimmste Fall tritt dann ein, wenn dem jungen Beamten ein derartiger praktischer Cursus so blamabel erscheint, daß er darauf verzichtet, seine Lücken auszufüllen. Alsdann wird er gerade in dem Theile der Verwaltung, der so recht innig den Kostenpunkt berührt, die Untergebenen gewähren lassen. Dies ist natürlich in seinen Folgen um so nachtheiliger, je untüchtiger jene sind. Gewiß wird das untere Dienstpersonal durch einen öfteren Tadel nicht gebessert, weil sich dieser nur im Allgemeinen bewegt. Denn man getraut sich nicht, in die spezielle Ausführung gehörig einzugreifen, um durch verbessernde Anordnungen bestehende Mißbräuche abzuschaffen und etwas Besseres einzuführen; namentlich dann nicht, wenn ein früher einmal angestellter Versuch gänzlich mißglückt sein sollte. Gewöhnlich bleibt in solchen Fällen der ganze Betrieb höchstens auf der Stufe stehen, den er früher eingenommen hatte. Seine Leiter werden nie Praktiker und können, um als solche zu gelten, nicht auf eine große Zahl Dienstjahre pochen.

Eben so wenig sind und werden diejenigen Forstleute Praktiker, welche bei einem praktischen Cursus vor ihrem Dienstantritt nur einige Betriebsoperationen, Arbeitsmethoden u. s. w. — vielleicht noch nothdürftig und in unvollkommenem Zustande — kennen gelernt haben, und nun weniger aus falscher Scham, als vielmehr aus Bequemlichkeit und Indifferentismus den einmal erreichten Standpunkt nicht mehr verlassen wollen; welche das Gesehene als das non plus ultra betrachten und mit Vorurtheil gegen alles andere erfüllt sind, eben weil sie es nie kennen gelernt hatten.

Ein praktischer Cursus bei einem Localbeamten kann nur höchst ungenügende Resultate liefern. Man wolle nur bedenken, welche Ausdehnung einem einigermaßen systematischen und erschöpfenden Unterricht zu geben ist, welche Hilfsmittel zu Gebote stehen müssen, und welche Eigenschaften dem Lehrer nöthig sind. Denn dieser muß nicht bloß die erforderlichen praktischen und theoretischen Kenntnisse, sondern auch die Gabe des Lehrens besitzen und endlich das wirkliche Interesse haben, seine Eleven auch etwas Tüchtiges erlernen zu lassen.

Bei dem Localbeamten sieht der Praktikant im Walde selbst die wenigen laufenden Betriebsoperationen ausführen. Unglücklicher Weise kann auch noch dies Wenige nur für ganz specielle Localverhältnisse passend sein. Außergewöhnliche Arbeiten, Betriebsregulirungen u. s. w. kommen im Ganzen selten vor. Er lernt sie sonach gar nicht, oder nicht vollständig ausführen. Hauptsächlich wird der größte Theil seiner kurzen Lehrzeit vom Bureau absorbirt; schon deshalb, weil er nur hier als wirkliche

Aushilfe, und zwar bei dem unangenehmen Theile des Dienstes, benutzt werden kann.

Allein gerade eine mangelhafte Bekanntschaft mit der schriftlichen Geschäftsführung könnte späterhin von gar keinem wesentlichen Belang für den Waldbesitzer, sondern höchstens nur für den Beamten selbst sein. Dieser wird sich in Folge von Verweisen, nöthigenfalls auch einiger Disciplinarstrafen um so mehr bestreben, das Stückwerk seines Wissens zu vervollständigen, als auch der kleinste Fehler an das Tageslicht kommt. Den reinsten Gegensatz möchten aber in fraglicher Beziehung eine mangelhafte Kenntniß der Wirthschaftsführung im Walde und die da begangenen Fehler bilden.

Nach Carl Heyer: „fehlt es den Localbeamten an der „nöthigen Zeit und Gelegenheit, meist auch an den nöthigen „Kenntnissen, den praktischen Unterricht in nur einigermaßen ge„nügender Ausdehnung, Vollständigkeit und Gründlichkeit ertheilen „zu können. Bei ihnen lernen die Praktikanten bloß den gewöhn„lichen Geschäftsschlendrian, und auch diesen mehr bruchstückweise „und außer dem organischen Zusammenhange kennen. Sehr „häufig werden sie vorzugsweise zur Besorgung der den Forst„beamten persönlich lästigen Schreibereien benutzt, wie zum „Mundiren der Berichte, Aufstellung der Rügeregister, Nummer„bücher, Verkaufsprotocolle, Abfuhrscheinen u. s. w. und wenn „sie auch nebenher bei Wald- und Jagdbesuchen eine Anschauung „und Bekanntschaft der gewöhnlichen praktischen Wirthschafts„operationen, wie Holzauszeichnungen, Fällungen, Kulturen u. s. w. „gewinnen, so bleibt eine derartige praktische Ausbildung hinter „den noch so niedrig gestellten Anforderungen weit zurück. Eine „andere sehr schlimme Schattenseite dieses Bildungsgangs ist die, „daß die Praktikanten an diesen mechanischen Beschäftigungen den „wahren Zweck und Nutzen ihres theoretischen Studiums nicht er„kennen und schätzen lernen und sich deshalb um so weniger be-

„fleißigen, ihre früher gesammelten Kenntnisse zu befestigen, zu er-„weitern und zu vervollständigen.“

Das Gesagte wird die Ansicht, die der Unterzeichnete bereits vor einiger Zeit in der Allg. Forst- u. Jagd-Zeitung ausgesprochen und näher begründet hat, rechtfertigen: daß nämlich ein erschöpfender praktischer Unterricht nur auf einer Forstlehranstalt ertheilt werden kann, vorausgesetzt, daß dieser die nöthigen Hilfsmittel zur Disposition gestellt werden. Hier betrachten sich die jungen Leute als wirkliche Schüler. Von einer Verletzung ihrer Eitelkeit durch die Annahme, daß sie noch gar nichts wissen und einen ganz detaillirten Unterricht genießen müssen, kann keine Rede sein. In ihrem Alter sind sie noch für jede Lehre am empfänglichsten — vorausgesetzt, daß sie nicht durch einen sogenannten Vorcursus schon mit Vorurtheilen gefüttert, mit Einbildung gestraft und mehr oder weniger verpfuscht worden sind. — Das Gesehene läßt bei ihnen um so tiefere und bleibendere Eindrücke zurück, je mehr der Grundsatz durchgeführt wird, daß sie das Gezeigte eigenhändig wiederholen und anwenden lernen.

Außerdem erhalten sie in einem Alter, wo noch kein besonderes Vorurtheil seinen Einfluß äußert, einen vollständigen Ueberblick über das Bestehende. Ihr Gesichtskreis wird so erweitert, daß sie selbst Vergleichungen anstellen und unterscheiden können, was unter verschiedenen Verhältnissen das Bessere sei. Gerade dadurch wird aber auch aller Grund zur Einseitigkeit schon so in der Geburt erstickt, daß sie für alles Bessere zugänglicher werden.

Viele Forstbeamten lassen blos das als praktisch gelten, was sie selbst haben ausführen sehen, und was sie aus eigener Erfahrung bewährt gefunden haben. Das Geschriebene, wenn sie es überhaupt gelesen, betrachten sie mit Mißtrauen als Theorie und als eitel Projectenmacherei. Hierzu kommt, daß sich Vieles (so z. B. die Kulturverfahren u. s. w.) nur sehr schwer und mit solcher Deutlichkeit schildern läßt, daß es sogleich richtig und befriedigend ausgeführt werden könnte. Auch bleiben öfters bei der Beschreibung manche, scheinbar unbedeutende, Nebenumstände unerwähnt, an denen eine gute Aufnahme des Ganzen scheitert. Endlich fehlen beim Probiren Leute, welche die nöthige Uebung bei der Ausführung besitzen. Will die Probe nicht sogleich gelingen, so ist man nur allzugeneigt, wenn nicht schon sogleich von vorn herein, Modificationen oder Verbesserungen zu machen, die reine Verschlechterungen sind, und ein an sich gutes Verfahren in Verruf bringen. Alles dies wird bei dem nicht vorkommen, vor dessen Augen fragliche Arbeiten im vollkommensten Zustande ausgeführt worden sind.

Hätten deshalb jene Forstbeamten bei einem praktischen Unterrichte nur die jeweilig bekannten Operationen aus eigener Anschauung kennen gelernt, so wären sie auch von ihrer relativen Anwendbarkeit und ihrem praktischen Werthe überzeugt worden. Beherrschten sie jene Arbeiten in der Art, um das Bessere, ohne sich von Einwänden und scheinbaren-Hindernissen beirren zu lassen, auch sogleich in's Leben einzuführen, so würden etwa nöthige Ameliorationen sehr schnell Eingang finden, veraltete stabile Zustände abgeschafft, und ein höherer Schwung in die Wirthschaft gebracht sein.

Carl Heyer sagt: „Fragt man nach den geeignetesten „Mitteln zur möglichsten Abstellung aller hierher gehörigen „Mißstände, so liegen jene sehr nahe. Die in anderen prak„tischen Fächern getroffenen Einrichtungen zeigen uns dazu den „Weg. Bei den Aerzten hat man schon längst die unabweisbare „Nothwendigkeit einer dem theoretischen Studium nachfolgenden „gründlichen praktischen Vorbildung für die Zulassung zur selbst„ständigen Ausübung ihrer Kunst anerkannt. Man fand es aber „nicht für zureichend, die Candidaten der Medicin nach Beendi-

"gung ihres medicinischen Studiums zur Erwerbung jener prak-"tischen Vorbildung etwa an prakticirende Aerzte zu verweisen; "sondern man errichtete zu dem Ende und zwar mit großen Ko-"sten medicinische Kliniken an den Universitäten unter Aufsicht "und Leitung der Hauptfachlehrer, weil man richtig erkannte, daß "nur in dieser Weise der beabsichtigte Zweck genügend erreicht "werden könne. Hat man doch selbst für die Predigeramts-"Candidaten ähnliche Anstalten — die Seminarien — für nöthig "befunden. In noch viel höherem Grade macht sich das Be-"dürfniß einer solchen Anstalt für die Forstcandidaten geltend, "deren späteres dienstliches Wirken eine fast ununterbrochene "Kette praktischer und in der Auswahl und Ausführung größten-"theils recht schwieriger Operationen bildet."

Ist im Vorhergehenden nachgewiesen wo ein praktischer Unterricht zu geben sei, so soll nunmehr zur Sprache kommen, wie dieß geschehen möchte.

Zweiter Titel. Ertheilung des praktischen Unterrichts auf Forstlehranstalten bei gleichzeitiger Verbindung mit dem theoretischen.

---

§. 3.

Erster Abschnitt. Im Allgemeinen.

Eine befriedigende Lösung dieser Aufgabe bietet um so größere Schwierigkeiten, als unseres Wissens seither mit wenig Ernst dahin gestrebt worden ist, auf den Forstlehranstalten einen systematischen praktischen Unterricht in möglichst bedeutendem Umfange zu organisiren. Diese Disciplin muß in vielen Beziehungen noch neu geschaffen werden. Fast jede Einrichtung wird aber in ihrer ersten Anlage nur höchst unvollkommen sein im Vergleich zu der Ausbildung, die ihr noch bevorsteht. Die Entwickelung wird um so rascher erfolgen, wenn einmal überall mit der nöthigen Energie nach gleichem Ziel gesteuert wird, und wenn viele Kräfte an der Lösung des Problems zusammenwirken: auf welche Weise mit **Benutzung der gemachten Erfahrungen** das ganze System des praktischen Unterrichts zur möglichsten Vollkommenheit zu bringen sei.

Nach unserer Ansicht hat der ganze Cursus aus Behandlung einer größeren Reihe entscheidender Beispiele zu bestehen. Diese sind so zu wählen, daß darin die praktische Ausführung aller Fundamental-Sätze und Lehren des Fachs in hinreichend systematischer Ordnung gezeigt wird. Zu diesem Behufe werden zuerst die dabei vorkommenden Arbeiten in möglichster Vollkommenheit den Zöglingen mit allen Details vorgemacht. Alsdann legen letztere selbst Hand an und führen sie aus, soweit dies überhaupt die Natur der Arbeit zuläßt. Die Eleven lernen dadurch alle Specialitäten genau und auf eine Weise kennen, bei der die empfangenen Eindrücke, namentlich im jugendlichen Alter, fast unverwischbar sind. Sie eignen sich technische Kenntnisse an, welche sie in Stand setzen, dereinst ihre Untergebenen in denjenigen Arbeiten zu instruiren, deren unmittelbare Ueberwachung nnd Leitung diese hauptsächlich zu besorgen haben. Die gleichzeitige Erlangung einer technischen Fertigkeit und Gewandheit wird nicht erzielt, ist aber auch nicht nothwendig. Diese vermag blos das arbeitende Personal durch längere Uebung zu gewinnen.

Um auch die sogenannten abstracten Theile der Wissenschaft anwenden zu lernen, sind mit den Studirenden erschöpfende Rechnungsoperate auszuführen, zu denen das Material im Walde wirklich erhoben wird.

Sind die genügend umfassenden Beispiele richtig gewählt, und werden bei Behandlung eines jeden alle Gründe des Verfahrens gehörig beleuchtet, so dürften sie eine derartige Grundlage praktischer Ausbildung gewähren, daß sich der künftige Wirthschafter nicht bloß in gleichen, sondern auch in allen analogen Fällen zu rathen und zu helfen weiß. Er wird die dann nöthigen Modificationen schon eintreten lassen, wenn er eine gesunde Logik besitzt und eine tüchtige theoretische Ausbildung genossen hat. Ist diese vorausgegangen, so wird sie sogleich, ist sie etwas später erfolgt, so wird sie noch nachträglich jenen Beispielen jeden mechanischen und schablonmäßigen Anstrich nehmen.

Bei Einrichtung des hiesigen praktischen Unterrichts war in Erwägung zu ziehen, welche Ausdehnung derselbe erhalten dürfe, um nur einen angemessenen Theil der ganzen Studienzeit zu absorbiren. Soviel dem Verfasser bekannt, dauert gegenwärtig ein forstlicher Lehrcursus nirgends länger, als höchstens zwei Jahre. Sollte diese Studienzeit auch viel zu kurz sein, so bestehen einmal solch' geringe Grenzen, vielleicht schon der Concurrenz mit anderen Anstalten halber. Sie müssen eingehalten werden.

Um nun die Ausdehnung des praktischen Unterrichts mit der beschränkten Zeit, welche überhaupt für ihn verbleibt, in möglichsten Einklang zu bringen, so war das unserem Ermessen nach minder Wichtige auszuscheiden. Der Verfasser mußte hauptsächlich diejenigen Branchen der Wissenschaft in einem zweijährigen Cursus abhandeln, in denen eine vernachlässigte praktische Ausbildung am nachtheiligsten wirken würde. Hierin war wieder dasjenige am meisten zu berücksichtigen, was sich später am schwierigsten durch Selbstbelehrung nachholen ließe.

Endlich galt es darum, die theoretischen Vorträge mit den praktischen Uebungen möglichst in ein System zu bringen, beide

Hand in Hand mit einander gehen und sich gegenseitig zu einem Ganzen ergänzen zu lassen.

Bei Ausführung der Beispiele brauchte die Theorie nur aphoristisch und in so weit vorgetragen zu werden, als zum völligen Verständniß der Arbeiten nöthig war. Wo es nur angeht, möchte der Zuhörer durch entsprechende Fragen auf den Weg geleitet werden, der ihn von selbst zur Lösung führt. Hierdurch wird Aufmerksamkeit und Interesse rege gehalten. Der praktische Unterricht bringt überhaupt den Lehrer seinen Zöglingen sehr nahe und gibt Veranlassung zu Discussionen, bei denen er sich überzeugt, ob er verstanden worden.

Nach dem Vorhergehenden sind bis jetzt auf hiesiger Anstalt vier Theile des praktischen Lehrcursus entstanden, welche ebensoviele Semester in Anspruch nehmen. Im Nachstehenden soll angegeben werden, was und wie weit es in jedem einzelnen Theile abgehandelt wurde.

Zweiter Abschnitt. Im Besondern.

Erstes Kapitel. Erster Theil des Kursus — Waldwegbau.

§. 4.

Bedürfniß des Unterrichts.

Wenn auch jeder Einsichtsvolle von der Wichtigkeit guter Transportmittel überzeugt ist, so möchte doch der Waldwegbau in seiner ganzen Bedeutung immer noch nicht gebührend gewürdigt sein. In der Mehrzahl der Fälle dürfte er dem Waldbau an Wichtigkeit nicht nachstehen. Der enorme Aufwand, welcher mit Erzeugung der Waldproducte (namentlich in Hochwaldungen, bei etwas hohen Umtrieben u. s. w.) verknüpft ist, kann sich nur durch die sorgfältigste Benutzung und vortheilhafteste

Verwerthung jener einigermaßen rentiren. Es ist aber allbekannt, bis zu welchem Grade die Verkaufspreise von der Abfahrgelegenheit bedingt werden.

Ein Hauptstreben unserer Zeit ist nun einmal höchste Vervollkommnung der Communicationsmittel. Das Publikum ist so verwöhnt, sein Fuhrwerk ist so leicht construirt, daß es selbst weite Umwege nicht scheut, wenn es nur bequem an die Absatzorte gelangt. Deshalb sind die ausgezeichnetsten Producte gar nicht, oder nur weit unter ihrem wahren Werthe absetzbar, wenn ihr Wegbringen mit Gefahr für Schiff und Geschirr verbunden ist. Der Verfasser sah, daß man aus näher gelegenen Revieren wegblieb und in entfernteren angrenzenden seinen Holzbedarf kaufte, weil die Wege in letzteren in ungleich besserem Zustand waren, als dort, wo trotz der geringen Transportweite die Preise um $^1/_3$ niedriger standen. An Absatzorte, wohin nur schwierig zu gelangen, beschränkt sich die Concurrenz nur auf Leute, welche mit Pferden und Ochsen fahren. Die zahlreichen sogenannten Kühbauern und die unbespannten Einwohner bleiben hier weg, weil der Fuhrlohn zu theuer wird.

Durch gute Weganlagen sind in manchen Revieren die Geld-Einnahmen auf mehr als das Doppelte gestiegen. Dieß nicht blos deshalb, weil der Werth der seither geschlagenen Sortimente sich dublirt hat, sondern weil auch bedeutende Holzmassen von geringerer Qualität (erstes Durchforstungsholz, schwächeres oder überhaupt Stockholz u. s. w.) dadurch erst absetzbar geworden sind. Hieraus entsprang wieder ein doppelter Vortheil. Einmal sind in Folge der nunmehr ausführbaren Durchforstungen, des Rodens des alten und neuen Stockholzes u. s. w. den bleibenden Beständen alle hieraus resultirende Wohlthaten (Beförderung des Wachsthums, Schutz gegen Insekten, Feuersgefahr, besonders in Nadelhölzern u. s. w.) zu Gute gekommen; zum andern wurde der arbeitenden Klasse eine bedeutende neue

Verdienstquelle erschlossen und die Arbeitsrente der Waldungen beträchtlich erhöht. Darin liegt wieder ein sehr wesentliches Hilfsmittel zur Bildung ständiger Arbeiterrotten, welche das ganze Jahr hindurch Beschäftigung im Walde finden und wegen ihrer im hohen Grade erlangten Uebung und Geschicklichkeit und wegen ihrer Zuverlässigkeit für die ganze Betriebsführung von so großer Wichtigkeit sind.

Ein kunstgerechter Wegbau gewährt den weiteren Vortheil, daß die Kosten sowohl für neue Weganlagen, als für Verbesserung und Unterhaltung der bereits bestehenden sich auf ein Minimum reduciren. Denn nur bei einem Aufsuchen neuer Weglinien mittelst Instruments, sowie beim genauen Abwiegen gegebener Wegstrecken und Entwerfung der nöthigen Profile ist es möglich, die Gefällinien so zu ziehen, daß der geringste Auf- und Abtrag entstehen und beide sich ausgleichen. Nur auf diese Weise vermag man dasjenige Gefäll herzustellen, bei dem das Wasser die geringsten Beschädigungen und Reperaturen veranlaßt.

Ferner erreicht nur ein nach den Regeln der Wissenschaft angelegtes Wegsystem alle Zwecke mit einem Minimum von Waldfläche. Denn es zeigt darin das Gefäll durchgehends dasjenige Maximum, welches bei Berücksichtigung aller bei dem Wegbau sich geltend machender Momente, angewendet werden darf.

Endlich gibt ein zweckmäßiges, über den ganzen Wald gespanntes Wegnetz eine feste Basis der Vermessung und Betriebsregulirung ab. Wie die Erfahrung lehrt, sind beide Operate nur da von Bestand gewesen, wo ein solches Netz bestanden hatte. Es reicht dieß auch im Allgemeinen vollkommen aus, um eine Betriebsklasse in eine genügende Zahl ständiger Abtheilungen mit unverwischbaren Grenzlinien zu zerlegen.

Nur derjenige vermag aber ein solches allen Anforderungen entsprechendes Netz zu legen, welcher die Lehren des Waldwegbaues vollkommen beherrscht und auszuführen versteht.

Anmerkung. Ueberall, wo die Forstbeamten dieses Stoffes mächtig sind, möchte eine der ersten Verwaltungsmaßregeln die Projectirung solcher Wegsysteme sein, soweit es noch nicht geschehen. Die Kosten würden im Allgemeinen aus dem Erlös des Holzes bestritten, welches in die Wegfläche fiele und als Extrafällung zu genehmigen wäre. Keine Ausgabe möchte sich höher und so augenblicklich verlohnen, als diese.

Leider scheitert aber der beste Wille, diesem Zeitbedürfniß allgemein Rechnung zu tragen, an dem Umstande, daß so Viele dieser Arbeit nicht gewachsen sind, und von diesen nur Wenige Gelegenheit, Lust und Energie besitzen mögen, sich noch nachträglich durch Sachverständige instruiren zu lassen. Aus diesem Grunde hauptsächlich liegt der Wegbau noch an vielen Orten so sehr im Argen. Wenigstens findet man ihn fast überall da mit ungemeinem Eifer betrieben, wo der Verwalter auch nur einigermaßen damit vertraut ist. Diese Arbeit besitzt einen eigenthümlichen Reiz. In keiner anderen Branche der Thätigkeit ist nämlich der Erfolg so unmittelbar in die Augen fallend, so von Jedermann anerkannt und deshalb so lohnend, als gerade hier!

§. 5.

Unterrichts-Methode.

Um die Studirenden auf den Standpunkt zu bringen, worauf der künftige Administrator stehen möchte, wählte der Verfasser ein möglichst instructives Beispiel, welches die Hauptfälle des Wegbaues in sich faßte.

Hierzu diente ein mehrere Hundert Morgen großer District, der bei Nichtbeachtung der alten zwecklosen Wege als fast weglos gelten konnte. Sein Terrain neigt sich von 0 bis 45°, ist theilweise stark coupirt. Es bot also sehr verschiedenartige Verhältnisse und Schwierigkeiten dar. Die Aufgabe stellte man so:

Wie wird ein Netz über den Wald gelegt, damit folgende Grundsätze gebührend berücksichtigt werden, nämlich:

1) der Holztransport hat immer bergabwärts zu geschehen, so daß sowohl die Holzhauer, die das Holz an die Wegränder tragen, als die Wagen, die es aus dem Walde bringen, bergaufwärts leer und bergabwärs beladen gehen;

2) die Entfernung der Wege von einander müssen sowohl den Anstrengungen der Holzhauer, welche mit der Neigung des Terrains zunehmen, als auch der Bildung der Abtheilungen Rechnung tragen;

3) die Richtung der Hauptabfuhrwege hinsichtlich der Lage der Ortschaften u. s. w. soll die angemessenste, und

4) die Wegbaukosten und die Wegfläche ein Minimum werden;

5) bei entstehenden Collisionen haben die wichtigsten Momente zu entscheiden.

Vor Allem erhielt jeder Studirende eine Lithographie der Karte über fraglichen Wald und von diesem an Ort und Stelle ein genaues Bild. Hier wurde, unter Hervorhebung und gehöriger Berücksichtigung aller in Betracht kommender Momente, zuerst über vortheilhafteste Richtung und ungefähre Lage des Hauptabfuhrwegs entschieden, namentlich mit Rücksicht auf Lage der Ortschaften, von woher die hauptsächlichste Concurrenz zu erwarten, auf Richtung und Entfernung der Vicinalwege, auf deren festliegende Verbindungspunkte mit dem Walde, endlich auf die Beschaffenheit des Terrains, um ohne Beeinträchtigung eines zweckmäßigen Gefälls die dem Wegbau sehr ungünstigen Stellen (Felsen, tiefe Mulden u. s. w.) zu vermeiden resp. zu umgehen.

Die Mittellinie wurde alsdann vorläufig aufgesucht, theils durch directes Abstecken, theils mittelst verschiedener Nivellir-Instrumente und hierauf, nach erfolgtem Abrunden zu scharfer Ecken, Streckung unnöthiger Winkel u. s. w. definitiv abgepflöckt; schließlich in der Art nivellirt und vermessen, daß später Länge- und Querprofile gezeichnet werden konnten.

Nunmehr projectirte man die Nebenwege, mit thunlichster Verwirklichung der oben aufgestellten Grundsätze und verfuhr bezüglich ihrer Mittellinien ganz so, wie bei dem Hauptabfuhrweg, in den sie mit angemessenem Gefäll einmündeten. Die Bildung der Bögen an den Einmündungs- und Drehstellen geschah nach verschiedenen Methoden, um das Abstecken der Curven und Anlegen von Serpentinen, namentlich an steilen Hängen, erschöpfend zu lehren.

Im Auditorium wurden die Ordinaten der Punkte berechnet, die Längen- und Quer-Profile gezeichnet und mittelst Berechnung der Erdmassen diejenigen Gefällinien gesucht, bei welchen sich Auf- und Abtrag auf ein Minimum reducirten und sich ausglichen.

Alsdann begab man sich auf's Neue in den Wald, um die Wegflächen genau abzugrenzen, an den Stationspunkten die Höhe des Auf- und Abtrags zu bezeichnen und aus den Einschlägen die Qualität des Erdreichs zu untersuchen.

Mit Hilfe von Tabellen, worin Förderlohn ganz verschiedenartiger Erdarten und Transportkosten, wie sie aus der Erfahrung sich ergeben, zusammengestellt waren, wurden die Kostenvoranschläge gebildet. Einer der Wege kam zur Versteigerung, um den Zöglingen Gelegenheit zu geben, auch der Ausführung von Zeit zu Zeit beizuwohnen.

Anlangend die Versteinung der Wege, unterstellte man die Chaussirung einer größeren Strecke und berechnete für diese die Menge des Materials und die Kosten für Brechen, Transport, Aufsetzen, Zerschlagen, Behauen der Steine und Bildung des Steinkörpers nach Erfahrungstabellen und gesammelten Notizen. Das Chaussiren selbst zeigte man anderwärts an einem Wege, dessen Versteinung wirklich vorgesehen war. Zu dem Ende wurde auf der vollständig hergestellten Planitze die nöthigen Abpflöckungen gemacht, um das Bett der Steinbahn und die Banquette durch Ausheben und Auffüllen entsprechender Erdmasse in Gegenwart der Eleven herzustellen. Dann erfolgte unter Beihilfe der letztern das Stellen der Wandsteine, Legen des Grundpflasters, Abkeilen der Spitzen und Ueberdecken desselben mit einer Schichte klein zerschlagener Steine.

Zur Erlernung der Grabenarbeiten insbesondere diente ein Beispiel, welches den schwierigsten Fall enthielt; es sollte in einem sehr unebenen Terrain mit geringer Neigung ein Abzugsgraben mit einer Sohle von gleichem Gefäll angelegt werden. — Nach vorausgegangenem Nivellement und Untersuchung des Erdreichs, Anfertigen der Profile, Berechnung der Erdmasse und Aufstellung des Kostenvoranschlags wurden an Ort und Stelle die Grenzen der Sohle abgesteckt, und diese durch Ausgraben der Erde hergestellt, sodann die der angenommenen Böschung entsprechende, variabele obere Breite des Grabens abgepflöckt, und durch Abstechen und Ausheben der Erde der Graben hergestellt.

Was den Kanalbau anlangt, so ließ man in einem Tage unter den Augen der Studirenden durch eine angemessene Zahl Arbeiter einen Kanal vollständig ausführen und zwar jedesmal $1/3$ desselben nach einer anderen Methode. Nach Ausgrabung der Erde wurden die Rollsteine gesetzt, die Seitenmauern aufgeführt, die Deckplatten gelegt, die Uebergangsstelle chaussirt u. s. w., während des Baues die nöthigen Erläuterungen gegeben, und schließlich ein Kostenvoranschlag gemacht.

Anmerkung. Der Verfasser hatte schon früher in anderen Revieren sehr bedeutende Wegarbeiten ausführen lassen (unter andern einen Weg von $1^1/_2$ Stunden Länge abgesteckt u. s. w.). Gleichwohl wurde ihm hier erst klar, als er einen befriedigenden Unterricht in allen Details ertheilen sollte, wie mangelhaft seine Kenntnisse geblieben waren. Das Studium der Literatur reichte nicht aus. Er mußte sich von Kreisbaumeistern, Chausseebauaufsehern praktischen Unterricht ertheilen lassen und das dem Forstmanne Nothwendige auswählen. Zuerst hier wurde ihm klar, wie oberflächlich seine früheren Arbeiten waren, namentlich bezüglich der Erdmassenberechnung und Aufstellung gründlicher und richtiger Kostenvoranschläge; wie er im Dunkeln tappte, wenn bei Versteigerung von Wegarbeiten nach dem sogenannten praktischen Ermessen Lohnansätze gemacht werden sollten. Steigerer und Waldeigenthümer spielten eine Art Lotterie. Niemand wußte, wer gut dabei wegkam. Gewöhnlich forderten erstere zu viel, aus Besorgniß in Verlust zu kommen. Wissen aber einmal die Steigerer, daß sich die Kostenvoranschläge auf rationelle Grundlagen stützen, so übernehmen sie ohne Bedenken die Arbeiten um das Maximum, bieten sich auch wohl noch ab. Beide Theile sind dann gegen Schaden geschützt.

Zweites Kapitel. Zweiter Theil des Cursus — Forsttaxation.

§. 6.

Bedürfniß des Unterrichts.

In keiner Branche unserer Wissenschaft stehen die Ansichten einander schroffer gegenüber, als in der Forsttaxation. Manche Fachgenossen halten eine Ertragsregelung für schädlich, weil sie der Wirthschaft lästige Fesseln anlege; Andere toleriren sie als ein unschuldiges Spielwerk; Viele endlich sind von ihrer Nothwendigkeit überzeugt, differiren aber hinsichtlich der anzuwendenden Grundsätze. So entstanden nach und nach die verschiedenen Taxations-Methoden, deren jede einzelne ihre Anhänger besitzt, welche in heftigem Streite einander gegenüberstehen. Hat nun auch in jenem Kampfe die Wahrheit ihr Recht geltend gemacht, so ist sie gleichwohl noch nicht als Sieger daraus hervorgegangen. Ein großer Theil des Publikums hält sich neutral oder passiv, oder gibt demjenigen Recht, welcher das letzte Wort behält.

Hat einmal die Majorität des forstlichen Publikums alle Taxations-Methoden mit gleicher Gründlichkeit theoretisch und praktisch kennen gelernt, so vermag sie über deren Werth und

Unwerth ein unpartheiisches und sachliches Urtheil zu fällen. Sicher bricht sich dann das eigentlich Wahre und Richtige Bahn durch alle Hindernisse, die sich seiner Anwendung und Durchführung jetzt noch in den Weg stellen. Nur derjenige wird aber mit Leichtigkeit einen solchen Standpunkt erreichen, welcher einen erschöpfenden praktischen Unterricht in dem Taxations-Wesen genossen hat. Der Verfasser hat an Vielen, die in der Theorie fest zu sein glaubten, und so auch an sich selbst die demüthigende Erfahrung gemacht, daß man gerade in seinen theoretischen Kenntnissen recht bemerkbare Lücken fühlt, wenn es sich um Ausführung wirklicher Beispiele handelt. Er hat sich überzeugt, daß sie nur durch eine systematische praktische Ausbildung auszufüllen sind. Nur durch diese vermögen auch jene einseitigen Vorurtheile : „es sei die Verwaltung des Waldkapitals analog der des Geldkapitals nicht auszuführen" beseitigt resp. in der Geburt erstickt zu werden. Ist einmal die leichte Ausführung an einem Beispiele im Walde gezeigt, so müssen die Bedenklichkeiten von selbst schwinden.

Auf eine gründliche Ausbildung in dem Taxationswesen wäre ein ganz besonderes Gewicht zu legen. Ist diese einmal mehr Gemeingut geworden, so wird ein rationelles Ertragsregelungswesen überall feste Wurzeln fassen. Eine gründliche Betriebsregulirung wird dann eben so hochgestellt, wie ein ausgezeichneter Waldbau. Die genaue Kenntniß des Beitrags einer normalen Abtheilung zum Etat wird ebenso Ehrensache sein, als die Bemühungen, den Bestand in den vollkommensten Zustand gebracht zu haben. Man wird die Mittel nicht höher stellen, als den Zweck. Der Waldzustand an und für sich wird nicht mehr allein als Maaßstab der Thätigkeit des Beamten gelten, sondern auch die Intensität seiner Benutzungsweise zum Vortheil des Eigenthümers. Die Waldrevisionen werden dann auch gewissermaßen den Charakter von Kassevisitationen haben, um zu sehen, wie genau das Vermögen aufgenommen ist und verwaltet wird.

In demselben Maaße, als man einmal die Leistungen der Beamten auch in dieser Richtung controlirt und gebührend anerkennt, muß deren Interesse an dieser Sache wachsen. Sie selbst werden nicht blos sorgfältige Arbeiten liefern, sondern auch bemüht sein, sie fortwährend zu verbessern.

Ist man dagegen genöthigt, zu diesem Zweck besondere Commissionen von wo anders her zu berufen, so fühlt sich der Localbeamte meist verletzt und in der Achtung des Publikums herabgesetzt. Statt zur Aufrichtung und Vervollkommnung des Operats beizutragen — was selbst durch fortwährendes Senden besonderer Techniker nicht zu erzielen wäre — wünscht er vielmehr dessen Verfall zu erleben. Deshalb ist er auch im Allgemeinen gegen eine Regelung: Er intriguirt öfters dagegen, daß eine zu Stande kommt, erklärt sie für unnütze Spielereien u. s. w.

§. 7.

Unterrichts-Methode.

Das von uns eingehaltene Verfahren soll nunmehr in seinen Umrissen angegeben werden.

Vor Allem galt es um Auswahl eines Beispiels, welches die Anwendung und Erläuterung aller wichtigen Lehren der Ertragsregelung in sich begriffe.

Schwerlich möchte sich hierzu ein concreter zusammenhängender Wald finden. Ein größeres Territorium (die Waldungen mehrerer Eigenthümer) mußte in den Kreis des Unterrichts gezogen werden. Daraus wählte man diejenigen Bestände, welche, zu einem Wirthschaftsganzen zusammengestellt, ein erschöpfendes Beispiel darboten. (Diese Vorbereitung war schon vor Beginn des Cursus getroffen.)

Die Ausführung der Arbeiten erfolgte sowohl in der in praxi üblichen Reihenfolge, als auch in der Art und Weise, welche sich im Großen bewährt hatte.

A. Vorarbeiten.

1) Bestandsaussonderung.

Was zuerst die eben so wichtige, als schwierige Bestandsaussonderung anlangt — von deren zweckmäßiger Besorgung die Aufrechterhaltung der Vermessung und ganzen Ertragsregelung wesentlich bedingt wird —, so beschränkte sich dieselbe bloß auf Ausscheidung der Unterabtheilungen. Man ersah den schwierigsten Fall aus. Mehrere Bestände mit sehr unregelmäßigen Contouren wurden, mit Anwendung der mancherlei Handgriffe und Vortheile, in möglichst langen Linien so von einander geschieden, daß zugleich die Polygonwinkel eine angemessene Größe erhielten, sodann wurden mehrere Linien aufgehauen und die Winkelpunkte mit Steinen und Gräbchen versehen. — Die Bildung der Abtheilungen kam bereits im Wegbau vor, bei der Projectirung eines Weg- und Schneißennetzes.

2) Vermessung und Kartirung.

Zur bildlichen Darstellung jenes combinirten Wirthschaftsganzen diente eine beliebige Waldkarte, lithographirt und ausgetheilt in der nöthigen Anzahl von Exemplaren. Beim Dictiren des Flächen-Inhaltsverzeichnisses unterstellte man, daß die zusammengesuchten Bestände die Ab- und Unterabtheilungen jener Karte seien. — Die Vermessungsarbeiten selbst und die Kartirung wurden ihrem ganzen Umfange nach in einem andern Theile des Cursus (vid. III. Semester, Waldtheilung) an einem concreten Walde gelehrt.

3) Holzmassenbestimmung.

Fast alle übrigen Vorarbeiten (Vorraths- und Zuwachsbestimmungen, Aufstelluug der Ertragstafeln und Bonitirung) sind von Holzmassenaufnahmen begleitet. Um dies gemeinsame Hilfsmittel in seinen verschiedenen Kategorien kennen zu lernen, wurden von jenen zusammengewählten Beständen:

a) ein älterer gemischter, demnächst zu fällender (der I. Periode) vollständig kluppirt;

b) die sämmtlichen Stämme eines angehend haubaren Holzes (der II. Periode) gezählt, und hierauf ein Probestreifen kluppirt;

c) durch ein ausgedehntes Stangenholz (einer noch späteren Periode) eine schmale Probefläche in der Art gelegt, daß keine Stämme in die Grenzen fielen (vide Note Nr. 1);

d) endlich wurde in einem ganz jugendlichen Bestande, dessen Alter die Grenze berührte, wo überhaupt noch Holzmasse-Aufnahmen statt finden, um daraus Schlüsse für künftige Erträge zu ziehen, eine normale Stelle aufgesucht und hier mittelst der Kreuzscheibe eine Probefläche in Quadratform abgesteckt.

Nach Auszeichnung und Aufarbeitung des unterdrückten Holzes auf den Probeflächen, erfolgte das Kluppiren der prädominirenden Stämme. Hierbei machte der Lehrer auf die Fehler aufmerksam, welche durch falsche Richtung der Gänge, durch verkehrtes Halten u. s. w. der Kluppe entstehen können, beging absichtlich selbst Fehler und ließ sich corrigiren.

Im Auditorium berechneten die Studirenden die Kreisflächensummen und Modellstämme für sämmtliche Bestände, worin die Aufnahmen gemacht waren. — Hierauf suchten dieselben in einem Tage alle Modellstämme aus, bezeichneten und nummerirten sie. In den jüngern Hölzern erfolgte gleichzeitig das Fällen und die Aufnahme des Probeholzes, in den übrigen mußte die Erhebung dieses Materials an einem besondern Tage geschehen, um nicht mit Abwarten der Fällung zu viel Zeit zu verlieren. In dem älteren Bestande (sub a.) ließ man die Probestämme in concreten Verkaufsmaaßen aufarbeiten, in allen übrigen Fällen wurden sie mittelst Sectionsmessungen u. s. w. kubirt.

Behufs der Altersbestimmung wurden von einer hinreichenden Anzahl Bäume dicht am Boden Scheiben abgeschnitten.

Anmerkung. Wie dieß auch im Großen geschehen sollte, wurde auf die obere Seite der Scheibe das Nummer u. s. w. der Abtheilung mit Röthel geschrieben, die Arbeiter brachten die kleineren in Säcken, die größeren auf Schiebkarren nach Hause. Auf einen luftigen, gegen Regen geschützten Ort stellte man sie neben einander mit den Kanten auf, weil sie sonst schimmeln und die Zahlen verlieren. Von einem Schreiner wurden die unteren Seiten glatt abgehobelt und ihre Jahrringe mit Anwendung aller Hilfsmittel bequem zu Hause gezählt.

Nunmehr erfolgte wieder im Auditorium die Berechnung des Probeholzes und der Bestandsmassen nach verschiedenen Methoden. Zugleich zeigte man bei a und b die Anwendung und den eigentlichen Nutzen der Massetafeln.

In den seitherigen Fällen galt immer Höhe als Function der Baumstärke. Der 5. Fall endlich, wo dieß nicht anzunehmen, betraf die Massenermittlung einer Parthie schon lange Zeit vereinzelt stehender Stämme, deren Höhe mittelst des Hypsometers, und deren Massen mittelst Reductionszahlen nach verschiedenen Methoden erhoben wurden.

Nachdem alle Hauptfälle vorgenommen waren, brauchten und durften bei den nun folgenden Arbeiten keine Massenaufnahmen mehr statt finden, um unnöthigen Wiederholungen und jeder Zeitverschwendung zu begegnen.

4) Aufstellung der Ertragstafeln.

In obigem Sinne geschah die Aufstellung der Ertragstafeln (eine für Kiefern, eine für Buchen I., eine andere für Buchen II. Bonitätsklasse). Bereits früher hatte der Verfasser in der ganzen Umgegend Reihen normaler Bestände mit den nöthigen Altersabstufungen ausgewählt und auf Probeflächen die Holzmassen und Alter ermittelt, um für jede Tafel die nöthige

Bestandsscala zu besitzen. Ueberall waren tiefe Bodeneinschläge gemacht. Nunmehr wurden die Studirenden an sämmtliche Orte geführt, und der Gang so genommen, daß successive der jüngste Bestand den Anfang und der älteste den Beschluß machte. Nach Mittheilung des Nöthigen über Form, Richtung und Lage der Probefläche dictirte der Lehrer an jeder Stelle das erhobene und berechnete Material. Bezug nehmend auf die schon gelehrte Massenaufnahme waren nur Fragen über das in jedem Falle einzuhaltende Verfahren zu beantworten. Die Bestands- und Standortsgüte-Beschreibung besorgten die Eleven selbst.

Auf solche Weise prägten sich dieselben die Bilder von normalen Beständen ein, übten sich in deren Aufsuchen und erhielten den nöthigen Ueberblick, wie bei Bildung einer Bestandsscala zu verfahren. Aus dem gesammelten Rohmaterial construirte man schließlich drei vollständige Ertragstafeln nach der in des Verf. Schrift „Flächentheilung und Ertragsberechnungsformeln“ nur in allgemeinen Umrissen angegebenen Methode.

Anmerkung. Diese Beispiele beweisen zugleich die Richtigkeit des dort ausgesprochenen Satzes: daß ein naturgemäßer Wachsthumsgang nur dann in den Tafeln sich ausspricht, wenn die prädominirenden ganzen Bestandmassen in einer graphischen Curve so interpolirt werden, daß sie auch jenen ganz allgemeinen Wachsthumsgesetzen genügen, welchen nach der oberflächlichsten Betrachtung jeder Bestand unterliegt; daß dagegen eine Interpolirung des Durchschnittszuwachses nicht zum Ziele führt. Wenn auch die Glieder des letzteren eine ständig zu- und dann abnehmende Reihe bilden, so können doch die Massenzunahmen, ganz mit der Natur im Widerspruch, die abentheuerlichsten Sprünge machen, während dagegen nach vorausgegangener rationeller Bestandsmassen-Interpolirung auch immer die Glieder des Durchschnittszuwachses ein naturgemäßes Bildungsgesetz ausdrücken.

Um die übrigen Waldarbeiten (Bonitirung, Massenaufnahmen zur Bestimmung der Abtriebserträge, Waldbeschreibung) vollständig zu erledigen, machte man die Runde durch alle Theile des combinirten Wirthschaftsganzen. Das für einen jeden derselben erforderliche Material ermittelte man nur in soweit, als es nicht eine vorhergehende Operation schon erheischt hatte.

5) Bonitirung.

In jedem Bestande hatten die Studirenden zu unterscheiden, ob a) derselbe ganz oder theilweise als normal gelten könne, und ob er b) im ersten Falle, seinem Alter u. s. w. nach, ganz zu kluppiren, oder mittelst Probefläche aufzunehmen sei. So oft man sich für letzteres entschied, wurden die passendsten Stellen aufgesucht. Auch hier nahm man keine Alters- und Masse-Bestimmungen mehr vor, sondern theilte an Ort und Stelle die Resultate sogleich mit.

Bei bestandslosen, zu jungen, oder in eine andere Holzart umzuwandelnden Abtheilungen, war jedesmal nur die Frage zu beantworten, nach welch' älteren Beständen die normalen Umtriebserträge zu berechnen seien.

Fiel eine Abtheilung zwei Bonitätsklassen anheim, die keine Veranlassung zur Bildung besonderer Unterabtheilungen gaben, so wurden die durch Bestandsbeschaffenheit und Lage scharf sich ausprägenden Grenzen abgesteckt; die Inhalte der an Fläche kleinsten Klasse mittelst Bildung approximativer Perpendikel und Schrittmessung ermittelt und von der Totalfläche abgezogen.

6) Ermittlung der künftigen Abtriebserträge.

In jeder Abtheilung war ausschließlich zu erörtern, ob: a) der ganze Bestand zu kluppiren und gleichzeitig behufs der Erhebung des gegenwärtigen Durchforstungsvorraths eine Probefläche und wo und wie dieselbe abzustecken sei, oder ob b) eine Probefläche zur Ermittlung der prädominirenden und unterdrückten Bestandsmasse genüge. Die Aufnahmen selbst waren vorher gemacht. Ihre Resultate wurden dictirt.

Gleichzeitig mit den vorhergehenden Arbeiten erfolgte:

7) Die Waldbeschreibung,

d. h. Schilderung der Standorts- und der Bestands-Beschaffenheit, sowie Sammlung von Notizen zu Maaßregeln für künftige Bewirthschaftung.

8) Der Rest der Vorarbeiten

konnte und mußte im Auditorium auf Grund der vorausgegangenen besorgt werden; nämlich die Festsetzung der Umtriebszeit, Holz- und Betriebsart, Bildung der Betriebsklassen, Aufstellung der Vorraths-, Zuwachs-, Bonitäts-, Altersklassen und Holzarten-Tabellen, und schließlich die Bestimmung der Arbeitsfolge, hervorgegangen aus gleichzeitiger Berücksichtigung der Zuwachs- und Alters-Verhältnisse, der Interessen des Waldeigenthümers u. s. w., der Form und Aneinanderreihung der Schläge. Um in letzter Beziehung das Beispiel möglichst instructiv zu machen, trug man Sorge, daß auf der Karte die Bestände hinsichtlich ihres Alters etwas bunt durcheinander lagen und hinsichtlich ihrer Figur schlecht arrondirt erschienen.

B. Ertragsregelung.

Nunmehr ließ sich eine **Regelung der Erträge** nach den verschiedenen Methoden ausführen und zwar a) nach dem Flächen-, b) dem Massen-Fachwerk, c) nach der combinirten, d) der Hundeshagnischen, e) der Martinischen Methode, f) der Kameraltaxe, g) nach der C. Heyerischen Methode. Bei a), b), c) und g) stellte man Hauptwirthschaftspläne, sodann überall periodische Wirthschaftspläne auf.

Alle praktischen Hilfsmittel, welche die Rechnung abkürzten und erleichterten, kamen zur Anwendung. So führte der Verfasser sogleich bei Beginn des praktischen Cursus die Crelle'schen Rechentafeln ein, um allen Zeitverlust durch Multipliciren und

Dividiren möglichst zu beschränken und von deren absoluten Nothwendigkeit seine Eleven zu überzeugen. Diese Tafeln sollten in jeder Revier-Repositur ihre Stelle finden. Ihre Verbreitung würde eine der Hauptklippen wegräumen, woran die allgemeine Ausführung dieser und anderer umfangreicher Rechnungsoperate scheitern könnte. Sie würde die Scheu vor detaillirten und gründlichen Bestands-, Erd- u. s. w. Massen-Berechnungen verbannen helfen, welche mit Schuld trägt, daß noch so rohe Verfahren in der Taxation, beim Wegbau u. s. w. beliebt sind, die freilich nur wenig Calcul verlangen.

Außerdem hatte der Verfasser, zur Ersparung jedes unnöthigen Aufenthalts, schon vorher die Rechnung ausgeführt. Die Studirenden mußten bloß die einzelnen Faktoren und deren Verbindungen angeben, zum Beweis, daß sie den Gang der Rechnung begriffen. Auf diese Weise konnten die Resultate der Rechnung unmittelbar nach Formirung jener Ansätze dictirt werden.

Drittes Kapitel. Dritter Theil des Kursus — Wald-Vermessung, Fläche- und Masse-Theilung.

§. 8.

Bedürfniß des Unterrichts.

Hat Jemand niedere und höhere Geodäsie mit größtem Fleiße gehört, so ist er gleichwohl nicht im Stande, die Vermessung eines größeren Waldes zu besorgen. Um hierzu befähigt zu werden, könnte er etwa unter specieller Aufsicht und Leitung eines Geometers eine derartige Arbeit ausführen helfen. Allein diese Art des Unterrichts kostete ihn viel Geld und Zeit. Denn einmal vermag der Geometer nicht das ihm übertragene Geschäft auf den für den Unterricht nothwendigen Umfang zu beschränken, zum andern ist er nicht im Stande, das Beispiel instructiver zu machen, als es eben seiner Natur nach ist. Er wird sich nur an Erledigung seines Auftrags halten, seinen Verdienst im Auge haben und von der gewöhnlichen, für ihn vortheilhaftesten Reihenfolge der Arbeiten nicht abgehen. Die ganze gute Jahreszeit hindurch ist er auswärts, und nur im Winter mit Stubenarbeiten beschäftigt.

Aus diesen Gründen empfiehlt sich wieder die praktische Unterweisung durch einen besonderen Lehrer, welcher das Beispiel ausschließlich im Interesse der Studirenden auswählt und behandelt.

Nun könnte man von einer derartigen Ausbildung der Forstbeamten im Vermessungswesen in so fern abstrahiren, als eben Geometer dafür zur Disposition stehen. In mancherlei Hinsicht erscheint es aber sehr wichtig und wünschenswerth, daß auch der Forstadspirant diesem Gegenstande gewachsen sei.

Einmal gebührt dem, der die Mühe gehabt, die Theorie vollständig zu erlernen, auch der Lohn, dieselbe anwenden zu können. Sonst befindet er sich ungefähr in der Lage dessen, der eine lebende Sprache zu lesen und zu schreiben, allein nicht zu sprechen versteht. — Sodann soll jeder Beamte den Grad der Ausbildung sich aneignen, welcher ihn zur Bekleidung der höchsten Stellen seines Fachs befähigt. Nur derjenige vermag aber einem Forst-Taxations- und Vermessungsbureau gehörig vorzustehen, welcher der Theorie und der Praxis gleich mächtig ist. — Endlich möchte nur derjenige im Stande sein, eine der Anforderung der Geodäsie genügende und zugleich Dauer versprechende Bestandsaussonderung zu machen, welcher die praktischen Vermessungsarbeiten kennt. — Noch verdient Erwähnung, daß dem Forstmanne mancher hübsche Nebenverdienst durch Vermessungen, Eintheilung der Nieder-Waldungen in Schläge u. s. w. in Aussicht steht, nicht bloß im In- sondern auch im Auslande, wie die Erfahrung gelehrt hat.

Soviel, was die Vermessung betrifft. Gehen wir nun zur Waldtheilung über.

Von den Nachtheilen, welche durch ein mangelhaftes Ertrags-Regelungs-Verfahren die gegenwärtige Generation treffen, können einige wenigstens einer nachfolgenden wieder von Vortheil sein; oder unnöthige Opfer, die der Eigenthümer jetzt bringt, können ihm später von Nutzen sein. Eine andere Bewandniß hat es dagegen mit den Fehlern, welche bei einer Waldtheilung begangen werden. Denn hier handelt es sich um Mein und Dein. Ist einmal der eine Theil durch Anwendung falscher Principien verkürzt worden, sei es bei Aufstellung der eigentlichen Theilungsmethode, sei es bei Ausführung ihrer (richtigen oder unrichtigen) Grundsätze, so trägt ein daraus entspringender Schaden den Charakter eines Verlustes, welcher nie mehr zu ersetzen ist. Es ist dieß um so beklagenswerther, als die eine Parthie auf Kosten der andern ganz ungerecht begünstigt wird, und als alle Betheiligten sich willenlos in das fügen müssen, was über sie verhängt wird. Auch vermögen sie, aus Mangel an technischen Kenntnissen, das hier angewendete Verfahren nicht so zu controliren, wie dieß bei Vertheilung von anderem Privatvermögen der Fall ist. Sie getrauen sich auch deshalb keinen Recurs zu ergreifen, selbst wenn sie ahnen sollten, daß ihnen Unrecht geschehen ist.

§. 9.

Unterrichts-Methode.

I. Was die Vermessung und Flächentheilung anlangt, so wählte man einen circa 500 Morgen großen Walddistrict, welcher alle wichtigen Fälle darbot, die bei jenen Arbeiten vorkommen. Im Innern, sowie in seiner äußern Umgebung fanden sich soviel Dreieckspunkte dritten Rangs vor, als nothwendig, um sich an die Landesvermessung vollständig anschließen zu können.

Das Beispiel wurde nach dem in unserm Staate bestehenden Systeme trigonometrisch berechnet. Denn dieses Verfahren wird dereinst überall durchdringen und andere Methoden, wie z. B. Meßtischaufnahmen, ganz sicher verdrängen, wie die Erfahrung bereits zu beweisen begonnen.

Der Verfasser verschaffte sich den Theil des Dreiecksnetzes, worin der fragliche Wald liegt, sowie alles dazu gehörige Material (wie Zeichnung, Berechnung der Dreieckswinkel, Azimuthe, Dreiecksseiten und Coordinaten der Dreieckspunkte). Eben so ließ er alle zu einer derartigen Vermessung nothwendigen Formularien, sowie ein Brouillon von dem Waldcomplexe lithographiren — zur Vertheilung an die Eleven.

Aus letzteren bildete er Sectionen à 4 bis 5 Mann, widmete einer jeden einen Nachmittag und ließ sie in einem Garten so lange mit dem Theodolith Winkel — auch mit der Klafterstange einige Seiten — messen, eintragen und berechnen, bis jeder Einzelne vollständig mit dem Gebrauch der Instrumente vertraut war. Sodann erhielt die Gesammtheit im Auditorium mit Zuhilfnahme der Brouillons eine genaue Uebersicht von dem ganzen Gang der Waldarbeiten, mit besonderer Hinweisung auf die Bildungsweise der Hauptpolygone.

Schon vor Beginn des Semesters hatte der Lehrer für sich die ganze Vermessungsarbeit vollendet. Solches geschah, um den Unterricht auf die eigentlich nothwendige Dauer und die specielle Ausführung der einzelnen Arbeiten auf das unbedingt nöthige Maaß zu beschränken, um ferner alles Ermüdende möglichst zu beseitigen und um überhaupt in der disponibelen Zeit ein so großes Beispiel fertig zu bringen.

Mit seinen Zuhörern begab er sich an Ort und Stelle, von Station zu Station. Abwechselnd stellte Einer um den Andern den Theodolith bloß auf, ließ an allen von der Station aus zu beobachtenden Punkten Stäbe aufstecken, und gab an, was Signal rechts und links und welche Linie zu messen sei. Indem der Zögling so den Gang der Arbeit bezeichnete, nämlich Nummer der Stationen, Schnittpunkte u. s. w. ausrief, dictirte der Lehrer jedesmal als Ergänzung die bereits erhobenen Noniuszahlen, und die Länge der Linien. Auf diese Weise förderte die Arbeit sehr rasch. In $2^1/_2$ Tagen waren sämmtliche auswärtigen Geschäfte vollendet. Zwei Tagelöhner steckten die Stäbe auf und hatten schon früher an den Dreieckspunkten die nöthigen Signale angebracht.

Hier galt es bloß, die specielle Ausführung und den Gang der Arbeiten kennen zu lernen. Mechanische Fertigkeit vermag bloß durch längere Uebung in der Praxis erworben zu werden.

Vor Beginn der eigentlichen Berechnung wurde aus der Polygonometrie die trigonometrische Bestimmung der Polygone ohne und mittelst Vortriangulation vorgetragen, um namentlich zu zeigen, wie bei der Landesvermessung das Dreiecknetz gelegt, das erste Azimuth und die erste Dreiecksseite berechnet, wie die Dreiecke zu Polygonen zusammengestellt, die Coordinaten ihrer Winkelpunkte gefunden werden, und wie der Anschluß einer Detailaufnahme an das Netz erfolgt. — Alle hierbei entwickelten Formeln erhielten Nummern, um bei der späteren Berechnung und Anwendung der Formularien darauf Bezug zu nehmen.

Die Berechnung der Winkel vertheilten die Studirenden unter sich. Indem dann jeder seine Resultate der Gesammtheit dictirte, verglich damit gleichzeitig der Verfasser die seinigen und entdeckte sogleich begangene Fehler. Wo es nur anging, fand Vertheilung der Arbeit statt. Deshalb fand auch in rascher Aufeinanderfolge Berechnung und Correctur der Winkel, Azimuthe und der Coordinatendifferenzen mittelst der bekannten Reißig'schen Tafeln, (von denen die Anstalt eine größere Zahl besitzt) statt, endlich die der Coordinaten selbst, bezogen auf den Meridian von Darmstadt, hierauf Auftrag der letztern zur Kartirung des Waldes, Zeichnung der Karte mit Ab- und Unterabtheilungen, Schneißen,

Wegen u. s. w. nach den für die Forstvermessung bestehenden Vorschriften; endlich Berechnung des Gesammtflächen-Inhalts in Gemeinschaft, der Ab- und Unter-Abtheilungen von den Einzelnen. Je zwei Eleven erhielten immer ein Polygon. Der eine berechnete aus X, der andere aus Y. Jeder dictirte die gefundenen Resultate, deren Richtigkeit gleichzeitig der Lehrer prüfte. Nach Ausmittlung und Abzug der Wegfläche waren mit Aufstellung des Flächeninhaltsverzeichnisses die eigentlichen Vermessungsarbeiten beendigt.

Die Flächentheilung geschah je nach ihrem Zweck auf zweierlei Weise.

a) Zuerst fand Auseinandersetzung zwischen verschiedenen Eigenthümern statt, bei Unterstellung mehrer Bonitäten. Zu dem Ende wählte man, ähnlich wie bei der Ertragsregelung, Bestände aus, welche zusammen liegend gedacht, die Abtheilungen der Karte bildeten, wendete die dort construirten Ertragstafeln an, dictirte die auf normalen Bestandsstellen gefundenen Holzmassen, und verwies hinsichtlich der Massenaufnahme auf die Ertragsregelung. Mit Hilfe der Tafeln suchte man die vortheilhafteste Umtriebszeit, ermittelte die Bonitätszahlen, stellte eine Bonitätstabelle auf und reducirte die Flächen auf eine Normalbonität. Nunmehr zog man die Theilungslinien mittelst Construction und Rechnung, berechnete die Coordinaten ihrer Durchschnittspunkte und daraus die Winkel, unter denen sie aufzuhauen waren.

b) Sodann wurde ein Theil des Waldes, etwa 100 Morgen, in Niederwaldschläge eingetheilt. Bei der vorhergehenden Arbeit ergaben sich immer Differenzen, weil die Zeichnungen nie vollkommen übereinstimmten. Beträchtlichere Abweichungen mußten deshalb genauer untersucht und die Resultate gemittelt werden, was immer mit Zeitverlust verbunden war. Um einer Wiederholung dieses Mißstandes zu begegnen, ließ der Verfasser den Niederwaldcomplex lithographiren. Vor Beginn der Vorlesung zeichnete er den jedesmal in Angriff zu nehmenden Theil an die Tafel, um hier den Gang der Theilung zu zeigen und gleichzeitig auf den Lithographieen ausführen zu lassen. Nunmehr stimmten beim richtigen Abgreifen der Linien die Resultate unter einander und mit denen des Lehrers überein. Gleichzeitig wurde auf der Tafel der ganze Calcul gemacht. Nachdem die Schlaglinien corrigirt, ausgezogen, die Abstände ihrer Durchschnittspunkte von Stations- und Grenzpunkten gemessen waren, wurden einige im Walde mit den dort wieder nöthigen Correcturen abgepflöckt und schwach aufgehauen.

II. Nachdem noch die früheren Mittheilungen hinsichtlich der normalen Bestandsmassen, soweit als nöthig, durch Angabe der concreten ergänzt waren, schritt man zur Holzmassenausgleichung. Diese erfolgte nach der von uns im Mai-Heft der Allgemeinen Forst- und Jagdzeitung von 1859 aufgestellten Methode. Auch hier faßte das Beispiel alle Hauptfälle in sich.

§. 10.

Viertes Kapitel. Vierter Theil des Cursus.

Das vierte und letzte Semester schloß mit Waldbau und Forstbenutzung den praktischen Cursus.

Eben so schnell als sich der Verfasser für die gewählte Behandlungsweise der abgehandelten Fachzweige entschieden hatte, so unsicher und schwankend war er hinsichtlich des Waldbaues und der Forstbenutzung. Mancherlei Proben wurden angestellt, bis er auf etwas Genügendes gekommen zu sein glaubte.

Wollte man den Unterricht nur auf Benutzung der in dem Lehrforst im Großen vorkommenden Arbeiten beschränken, so wäre derselbe ein durchaus unvollständiger. Was namentlich die Kulturen anlangt, so fiele nicht bloß der größte Theil derselben gerade in die Ferien, sondern sie drängten sich auch so zusammen, daß täglich Excursionen gemacht werden müßten. Dieß ließe sich aber mit dem übrigen Unterricht nicht in Einklang bringen. Ferner liegen sehr oft die Kulturstellen so weit auseinander, daß viel Zeit mit Hin- und Hergehen verloren ginge. Endlich ist die Kulturdauer an- und für sich so kurz, daß nicht einmal das Allerwichtigste gezeigt werden könnte. Auch sind überhaupt die laufenden Operationen, welche gerade diesem vierten Theile angehören, gewöhnlich so einförmig, daß den Unterricht der Vorwurf der größten Einseitigkeit träfe, wenn man sich ausschließlich mit diesen beschäftigen wollte.

Die Probe, die gerade vorkommenden Arbeiten in der Weise zu benutzen, daß man sie ganz aphoristisch zwischen die übrigen Unterrichtsgegenstände einfließen ließ, lieferte ein sehr unbefriedigendes Resultat. Weit entfernt, klaren Ueberblick und Kenntniß von etwas zu erhalten, welches kraus durcheinander lief, wurde der Zuhörer, wegen Mangels an allem Systeme, eher verwirrt als belehrt, und der übrige Unterricht nur unterbrochen und gestört.

Dieses gab Veranlassung, den fraglichen beiden Disciplinen ausschließlich einen besonderen Theil des Cursus zu widmen, darin alles Wichtige in systematischer Ordnung vorzunehmen, gleichzeitig jedoch die gerade in dem Reviere im Gange befindlichen Arbeiten möglichst zu benutzen. Dabei fanden folgende Grundsätze besondere Beachtung:

1) Die Instruirung der Studirenden muß Zweck der Arbeit sein. Nur zufällig liegt die Arbeit auch im Interesse des Waldeigenthümers. Deshalb erscheint es ganz gleichgültig, ob sie zu einer Jahreszeit vollzogen wird, die einen Erfolg sichert, oder nicht; ob an einer Stelle, wo sie, im Hinblick auf die Bewirthschaftung des Reviers, nöthig oder räthlich erscheint, oder an einem Orte, welcher überhaupt nur zum Waldverbande

gehört, oder nicht. (So wurden z. B. mitten im Sommer Culturen ausgeführt, die sehr bald keine Spur mehr hinterließen, und mitunter auf Blößen und Viehweiden, die gar nicht Waldboden waren.) Dem Waldeigenthümer selbst kann aus dieser Art des Unterrichts gar kein Nachtheil entspringen, insoferne ihm alle nicht zu umgehenden Opfer vergütet werden. Diese sind im Ganzen sehr gering. Sobald alle Auslagen für Dienstleistungen, die nicht im Interesse des Eigenthümers geschehen, sowie für allen Saamen, der ohne Bedürfniß und ohne Erfolg für die Wirthschaft selbst, verwendet wird, aus dem Unterrichtsfond bestritten werden, so können sich jene Opfer nur auf die unbedeutenden Pflanzenmengen beschränken, deren Verbrauch nicht zum Nutzen des Waldes geschieht. Außerdem könnte man noch den Wenigererlös aus demjenigen Gehölze in Anschlag bringen, welches zu einer dem Verkauf ungünstigen Jahreszeit gefällt wird.

2) Sind gewisse Arbeitsverfahren von besondern Standortsverhältnissen bedingt, so sind solchen entsprechende Stellen aufzusuchen. — Gerade hiesiges Revier ließ in dieser Beziehung nicht im Stich. Hier kommen sehr verschiedenartige Gebirgsformationen vor. Der Boden wechselt von Flugsand bis zum zähesten Lett, von ganz steinfreier Beschaffenheit bis zu Gerölle und Felsen; eben so durchläuft er alle Feuchtigkeitsgrade von größter Trockenheit, bis zur Versumpfung; zeigt den mannigfaltigsten Ueberzug; bedeckt Ebene, sanft aufsteigende Hügel, stärker geneigte bis ziemlich steile Gebirgskuppen.

3) Ganz besonders ist darauf zu sehen, daß alle beim Unterrichte anzuwendenden (Kultur- Holzhauerei- u. s. w.) Werkzeuge aufs beste construirt und erhalten sind. Sie sollen sich dem Gedächtniß als Muster einprägen. Nur mit Hilfe dieser sind die Arbeiten auf die vollkommenste Weise auszuführen. (Soweit die für die Gemeinden angeschafften dem Bedürfniß

nicht entsprachen, wurde von jeder Species die nöthige Anzahl Exemplare angefertigt.) Eine vollständige Sammlung von Werkzeugen, wie sie dem gegenwärtigen Stande des Waldbaues und der Forstbenutzung entsprechen, sollen nicht bloß als Modelle, sondern hauptsächlich auch für die Uebungen und praktischen Demonstrationen zur Verfügung stehen.

4) Die Zuhörer sind in Sectionen zu theilen. Mit einer jeden ist eine besondere Excursion abzuhalten, auf welcher, je nach Art der Arbeit, ein einziger Gegenstand oder eine Gruppe verwandter Gegenstände ganz speciell absolvirt wird. Jede Excursion ist so oft zu wiederholen, als Sectionen vorkommen. Nachdem der ganzen Gesellschaft die Arbeit vorgemacht, jeder Handgriff gezeigt und erläutert worden ist, wird jedes Mitglied einzeln vorgenommen. Dieses muß so lange probiren und Hand anlegen, bis es das Vorgemachte ohne Fehler ausführen kann. Unterdessen muß die Aufmerksamkeit Aller auf den Einzelnen gerichtet sein.

Nach Beendigung des Detail-Unterrichts wird noch einmal, so oft solches die Natur der Arbeit räthlich macht, das Gelernte in pleno wiederholt, um seine Ausführung im Großen zu zeigen, und namentlich auf die Leitung einer Colonne, die zweckmäßigste Arbeitsvertheilung u. s. w., aufmerksam zu machen.

Die Stärke der Section richtet sich nach Art der Arbeit. Eine Abtheilung soll nur nicht zu zahlreich sein! Im Allgemeinen nimmt mit ihrer Stärke die Möglichkeit einer sorgfältigen Ueberwachung und die Aufmerksamkeit des Einzelnen ab!! Gewöhnlich mußte den Verfasser ein Assistent und ein eingeübter Forstwart unterstützen, um mit 12 Leuten in $1/2$ Tag fertig zu werden.

5) Zu diesem Theil des Cursus ist ein Sommersemester zu wählen. Im Sommer sind die Tage so lang, daß eine Excursion in einem Nachmittag (etwa von 3 Uhr an) abgehalten

werden kann, die Witterung ist im Allgemeinen günstig und namentlich die Temperatur der Art des Unterrichts angemessen. In der kalten Jahreszeit würden die Finger erstarren, die Arbeiten nicht fördern, und bei ruhigem Stehenbleiben zugleich mit den Gliedern das gehörige Interesse erkalten. Die jungen Leute sind durch das mit ihren übrigen Studien verbundene viele Stubensitzen noch nicht an größere Strapatzen gewöhnt, und meist nicht mit den Abzeichen des Praktikers, Büffelrock und Wasserstiefeln, versehen, um den Unbilden der Witterung gehörig Trotz zu bieten.

Geben wir nunmehr eine Uebersicht von den Gegenständen, welche nach obigen Grundsätzen in systematischer Reihenfolge während eines Sommers erledigt wurden. Hierbei kamen auf jede Abtheilung wöchentlich zwei Excursionen.

I. Waldbau.

A. Künstliche Bestandsbegründung.

1) Saaten.

a) Vollsaat.

α) Eintheilung einer 15 Morgen großen, sehr unregelmäßig configurirten, mit kurzem Gras, Haide u. s. w. bewachsenen Schaafweide in rechtwinkelich sich schneidende Saatgänge, mit Hilfe der Kreuzscheibe und Schrittmessung. Besäen eines Theils derselben in's Kreuz mit Nadelholzsaamen (wohlfeilem Fichtensaamen).

Nachdem jeder Einzelne alle Manipulationen gründlich gelernt hatte, geschah das Säen in der Colonne. Unmittelbar nachher erschien eine Heerde Schaafe, um den Saamen unterzutreten und ein Fuhrmann, um das Unterbringen mittelst der Strauchegge zu zeigen.

β) Bestecken eines Buchenverjüngungsschlags mit Eicheln; und zwar mit successiver Anwendung der Sticher, der Späthchen, der Hacke, des Setzpfahls und des Saathammers. Anstellung von Betrachtungen über die relative Zweckmäßigkeit der Instrumente.

γ) Nachbesserung in einem Buchenbesaamungsschlag auf durch Schweine umgebrochenen Stellen mittelst Aussäens und Unterbringens von Bucheln.

δ) Umhacken eines Stücks einer Kiefernabtheilung behufs Umwandlung in Buchen. Aussäen und Unterbringen der Eckern.

b) Platten-, Riefen-, Rinnensaat.

α) Anfertigung von Platten und Riefen in einer sehr lückig stehenden, von Frost öfters heimgesuchten, 10jährigen Buchenheege mit stark verfilztem Boden. Je nach Beschaffenheit des Bodens wurden die Saatstellen mittelst Hacke und Kreisrechens vorher gelockert, oder blieben unbearbeitet. Auf mehreren Steinköpfen erfolgte Herausbrechen der Steine und Herstellung des Saatbeets aus der gewonnenen Erde. — Aussäen von Kiefernsaamen zur Herstellung späteren Bestandsschlusses und Schutz der Buchen gegen Frost. — Unterbringen des Saamens mittelst verschiedener Arten von Rechen, besonders des Kreisrechens — Bedecken der Saatplätze mit im Schlage abgeschnittenem Grase.

β) Zubereitung von Platten und Riefen unter einem Kiefernschutzbestand. Aussäen von Bucheln und Unterbringen derselben mit Rechen, Steckholz, Späthchen u. s. w.

c) In den Forstgärten

vollständige Herstellung und Zubereitung mehrerer Saatbeete mit Anwendung von Dungerde. Saat von Bucheln, Eicheln, Kastanien, Eschen, Fichten, Lärchen, Weißtannen, Erlen, Ahorn und Rüstern. Bedecken der Beete mit Moos. Ueberdachung mit Nadelholzreisern u. s. w. Legen von Thonröhren mit Gift zur Vertilgung der Mäuse.

2) Pflanzung.

a) Eintheilung einer 40 Morgen großen Fläche in Parallelogramme, als Vorbereitung zu einem regelmäßigen Dreiecksverband, mittelst Kreuzscheibe und Klafterstäben, und zwar speciell für Anwendung einer, den Studirenden übergebenen und von ihnen selbst für eine gewisse Pflanzweite eingetheilten, Pflanz- und Richtschnur. — Daselbst Ausführung einer Pflanzung:

α) mittelst des Hohlbohrers,

β) nach Biermanns,

γ) nach v. Manteufel (mit kleinen und mit Heisterpflanzen.)

b) Fichten- und Buchenpflanzung nach v. Buttlar auf Sand- Thon- und sehr steinigem Boden — auf letzterem mit Anwendung von Füllerde — und bei sehr verschiedenem Ueberzug. Abstecken der äußeren Grenzlinien der Pflanzgänge, theils auf Blößen, theils unter Eichenoberständern. — Ebenso Fichtenballenpfanzung mittelst Hohlbohrer unter einem Eichenbestand zur Erziehung von Bodenschutzholz bei ähnlichem Abstecken der Ganggrenzen.

c) Ohne allen Verband in lückigen Beständen behufs Nachbesserung: Anfertigung der Löcher mit der Hacke und verschiedenen Spathen, Einsetzen der Pflanzen ohne, desgleichen mit kleinern und größern Ballen (Kiefern, Fichten, Buchen, Eichen).

Selbstverständlich wählte man immer der Art der Pflanzung angemessene Stellen, um auch in dieser Beziehung den Eleven praktische Anschauung und wichtige Erläuterungen zu geben. Jene besorgten nicht bloß das Einsetzen, sondern auch das Ausheben, Beschneiden, Schlämmen, Verpacken der Pflanzen.

d) Im Forstgarten Einsetzen von Buchen, Eichen, Fichten, Kastanien und Rüstern in Rinnen.

e) Veredlung der Obstbäume mittelst Propfens, Oculirens, Copulirens. Vorerst Uebungen an Reisern und Stammstücken im Auditorium, alsdann an Wildlingen in einem der Forstgärten unter Assistenz eines geschickten Gärtners. (Vergl. Anhang, Note II.)

f) Hacken von Rasen und Heiden, Trocknen und Aufsetzen derselben in mehre größere Meiler mit verschiedener, dem Material angemessener Construction und Brennen derselben zur Bereitung von Kulturerde. (Vergl. Anhang, Note III.)

g) Einschlagen von Eschen und Hainbuchensaamen in Gräbchen zur Vorbereitung für die Aussaat.

B. Natürliche Bestandsbegründung.

1) Stellung eines Buchen-Vorbereitungs- und eines Saamenschlags; Nachlichtung in einem Verjüngungsschlage nach vorausgegangener Recapitulation der bestehenden allgemeinen Regeln und ihrer Anwendung auf den vorliegenden Fall. Hervorhebung nöthiger Modificationen bei anderen Standortsverhältnissen. Nach geschehener Auszeichnung der Stämme zeigte man Schläge, worin die verschiedenen Fällungen bereits vorgenommen waren, behufs Aufnahme und Einprägung der daraus resultirenden Bestandsbilder.

2) Abtrieb eines Niederwaldschlags (z. vergl. Forstbenutzung).

C. Stellung eines Kiefernschutzbestands behufs Umwandlung in Laubholz.

D. Erziehung der Bestände.

1) Egalisirung von mehren ungleichaltrigen und ungleich hohen jungen Buchenheegen und zwar je nach Stärke der Stämmchen mit Anwendung der Pflanz- und Vorwuchsscheere, der Baumsäge und des Beils. (Vergl. Anhang, Note IV.)

2) Durchforstet wurden:

a) mittelst der Durchforstungsscheere ein Theil einer jungen Kiefernheege und eines Buchengertenholzes.

b) Ein geschlossener Eichenbestand in der Unterstellung daß:

α) Unterpflanzung mit Bodenschutzholz nachfolge, — deshalb Wegnahme sämmtlicher bereits übergipfelter und demnächst zur Unterdrückung kommender Stämme.

β) daß letztere Maaßregel unterbleibe — sonach ausschließliche Entfernung der überwachsenen Stämme mit dürren Spitzen, dagegen Belassung aller mit noch grünen Kronen.

c) Ein lichtgeschlossener Buchenbestand. Behandlung wie b, β.

d) Ein dichtgeschlossener, gedrungen stehender, Buchenbestand. Behandlung wie b, α.

e) Ein gemischter Buchen- und Eichenbestand. — Wegnahme aller unterdrückten Eichen, aller gipfeldürren und aller von Buchen unterdrückten Buchen.

Bei b bis e bloßes Auszeichnen des Durchforstungsholzes. Ausnahmsfälle blieben nicht unerwähnt, z. B. theilweises Uebergreifen in die prädominirende Klasse bei zu dicht stehenden Fichtenbeständen, zur Beförderung des Wachsthums u. s. w.

f) Allmähliche Verdrängung alter und starker Vorwüchse aus schlank aufgeschossenen Beständen, durch Entgipfelung, Entastung u. s. w.

Vorstehende Beispiele sollten nicht blos die Hauptkategorien der Durchforstungen in sich fassen, sondern auch darauf aufmerksam machen, welche Regeln aus dem Verhalten der Licht- und Schatten-Pflanzen für die Durchforstungen abzuleiten sind, wenn dem Boden- und Bestands-Schutz gebührend Rechnung getragen wird.

II. Forstbenutzung.

1) Rindenerndte.

Abtrieb eines circa 6 Morgen großen, 25jährigen Eichenbestands zu einem Lohschlag. Abhieb der Stämme entweder dem Boden gleich, oder etwas höher, oder, nach Entfernung der umgebenden Erde, etwas tiefer, um später die Verschiedenheit des Ausschlags und die Bewährung des als das beste empfohlenen Verfahrens zu zeigen. Nachweis der Nachtheile bei unterlassenem Entgegenhauen.

Um das Beispiel nach früher entwickelten Principien möglichst instructiv zu machen, hieb jeder Studirende mit Befolgung der gezeigten Handgriffe eine Stange; zerlegte sie in Sectionen; schied das nicht zu entrindende allzu schwache Reisholz aus; trennte das zu klopfende von dem zu schälenden, schälte letzteres mit Beil und Eisen, klopfte ersteres auf der Lohbank der Länge nach so, daß es sich mit der Hand lostrennen ließ, ohne zu zerbrechen; formirte einen Rindenbock und legte das Loh regelrecht auf. — Bei einem späteren Besuch des Schlags schieden die Studirenden das bundgerechte Loh aus, lernten Wieden drehen; jeder fertigte mehrere Gebunde mittelst des Wellenbocks an; diese wurden in eine vorher aufgebaute Rindenhütte gelegt.

Ferner erfolgte an mehren alten Stämmen das Entborken und Aufsetzen der Rinde zum Trocknen. — Erklärung der an anderen Orten gebräuchlichen Schäl- und Trocken-Methoden. — Abwerfen resp. Verkürzen allzujunger noch nicht zum Schälen tauglicher Eichen mit der Scheere, oder dem Beil auf einem entgegengehalten Stammabschnitt.

Nach Erlernung aller Arbeiten en detail, Anblick des Verfahrens im Großen bei einer geübten Rotte. Erläuterung der Vertheilung der Arbeit unter die Mitglieder dieser Rotte. Einladung der Studirenden zum öftern Besuch des Schlages.

Schließlich Wiegen der Rinde bei der Abzählung.

2) Holzhauereibetrieb.

a) Schon bei Durchforstung der jüngsten Bestände (I D. 2. a) schieden die Zöglinge das Nutzreisig und die Nutzstangen aus, brachten ersteres theils in Schichten, theils in Gebunde und gruppirten die Stangen nach Durchmesser und Länge.

b) Baumroden. In einem alten, aus Kiefern, Eichen und Buchen gemischten, zum Kahlabtrieb vorgesehenen Bestande mit einem sandigen und stellenweise felsigen Boden (den oberen und unteren Grenzen der Schwierigkeit) rodete eine Rotte Arbeiter von jeder Holzart eine Parthie Stämme in Gegenwart der Eleven an, um Art und Maaß des Baumrodens zu zeigen, wenn die Bäume a) mit der Zugstange, b) mit dem Seil und Seilhaaken, c) mit dem Waldteufel, d) mit der Schusterischen Maschine, e) mit der Druckmaschine zum Fallen gebracht werden sollen.

Das Umziehen u. s. w. besorgten die Eleven, nachdem nur beim Waldteufel das Seil von einem Arbeiter an den Stamm befestigt war. Zugleich wurden sie darauf aufmerksam gemacht, welches Maaß von Kraftentwicklung den Maschinen zugemuthet werden darf, bis wieder mit dem Roden nachzuhelfen ist, falls der Stamm noch nicht fallen will.

Ferner zeigte man das Rodeverfahren beim Werfen der Stämme ihrem Hang, oder ihrer natürlichen Fallrichtung entgegen und zwar bei Anwendung des Seils, der Drückmaschine, bei bloßem Einsägen und Abkeilen. Endlich erfolgte das Werfen mehrerer Stämme gegen einen steilen Hang ohne vorheriges Roden mit ausschließlicher Anwendung der Säge, der Keile und der Axt.

c) Stockroden. Abschneiden einer Parthie Bäume über der Erde, und hierauf Roden der Stöcke mittelst des Hebels, der Schuster'schen Maschine u. s. w.

d) An mehren Stämmen besorgten die Eleven das Ablängen, Abhauen des Reisholzes, Absägen des Prügel- und einiger Scheidholz-Sectionen zur Erlernung der Führung der Spann-, Trumm- u. s. w. Säge. — Das Reisholz hieben sie zu und formirten es zu Wellen, einmal mittelst des Wellenbocks und sodann aus freier Hand. — In ihrem Beisein wurden mehrere schwächere und starke Scheidholztrumme gespalten, sodann mehrere schwächere Stöcke durch Einsetzen der Keile in die Richtung des Radius zerkleint; desgleichen mehrere sehr starke durch Einsetzen der Keile senkrecht auf die Richtung der Radien und auf die Rindenseite zuerst abgeschält und so auf das Volum der schwächeren gebracht und dann wie diese behandelt. Bei mehreren Stöcken leiteten die Zöglinge das Geschäft des Spaltens, wobei die Arbeiter nur gleichsam als Maschinen zu figuriren hatten.

e) Nachdem eine beträchtliche Quantität aufgearbeitetes Holz an die Wege gebracht war, erfolgte bei einer besondern Excursion das Aufschichten aller Sortimente in Verkaufsmaaße nach der Schnur. Zu diesem Behufe erschienen 4 Holzsetzer. Eine kleine Quantität Prügel- und Stockholz, zu einem regelrechten Aufsetzen noch nicht gehörig zubereitet, blieb im rohen Zustande liegen, um auf die Fehler aufmerksam zu machen, welche so häufig aus Bequemlichkeit begangen und leicht übersehen werden und Veranlassung sind, daß die Raummaase zu wenig Derbgehalt und kein gefälliges Aussehen erhalten. — Unter den Augen der Studirenden holte man das Versäumte nach, nämlich das Wegnehmen aller Knorren an den Sectionen und ein dichtes Abhauen der Wurzeln von den Stöcken. Von jedem Sortiment wurde ein Stecken zuerst falsch, sodann richtig aufgesetzt, um die Unterschiede des Derbgehalts zu zeigen und auf den mannigfachen Betrug aufmerksam zu machen, der leicht vorkommt, wenn keine besondere Holzsetzer angestellt sind, wodurch freilich die Ueberwachung der Holzhauereien auf unverantwortliche Weise erschwert wird.

Hierauf erfolgte das Aufsetzen im Großen unter Beihilfe der Studirenden, und das Aufschichten der Wellen nach verschiedenen Weisen. — Endlich geschah das Nummeriren sämmtlicher Verkaufsmaase und der Nutzstücke, Eintragen in die Nummerbücher, und zuletzt Aufstellung des Abzählungs-Protocolls im Auditorium.

§. 11.

Dritter Abschnitt. Wünschenswerthe Ausdehnung des praktischen Unterrichts. Einfluß desselben auf die Forstorganisation.

Mit diesem vierten Theile war der Cyclus des praktischen Cursus geschlossen. Niemand fühlt mehr, als der Verfasser, die mannigfachen Lücken des geschilderten Unterrichts. Anlangend seine Intensität, so muß die Methode hauptsächlich durch gesammelte Erfahrungen sich allmählich ausbilden. Die reine

Reflexion führt nicht zum Ziele. Denn scheint der Weg dahin auch noch so gut ausgedacht zu sein, so begegnet man gleichwohl auf ihm oft mancherlei vorher nicht geahnten Schwierigkeiten.

Was nun die Ausdehnung des Unterrichts anlangt, so hat gerade der letzte Theil kaum die wichtigsten Gegenstände berührt. Deren Erledigung mußte aber auch auf wöchentlich zwei Excursionen mit jeder Section geschehen. Bei mehr Zeit hätte man viel mehr in das Detail eingehen können. — Unserer Ansicht nach wären besonders noch folgende Gegenstände in den Kreis des Unterrichts aufzunehmen :

1) Der Köhlereibetrieb. Da Holzkohlen überall verkäuflich sind, so könnte den Waldeigenthümer nur bei sehr hohen Holzpreisen ein Verlust treffen. Da aber die Anlage weniger Meiler genügte, so würden die Kosten für Ersatz allenfallsigen Schadens, sowie die Auslagen für die Anwesenheit eines geschickten Köhlers während der Dauer der Verkohlung nur höchst unbedeutend sein.

2) Der Flößereibetrieb, vorausgesetzt, daß das nöthige Gewässer hierzu Gelegenheit böte. (Wie z. B. in Gießen die Bäche und der Lahnfluß.)

3) Anleitung zur Anstellung der wichtigsten forststatischen Untersuchungen. Anlegung ständiger Probeflächen zur Ermittlung von Zuwachsgesetzen, Einfluß des Streubezugs, der Bodenlockerung, der Pflanzweite u. s. w. auf Holzertrag u. d. m.

Die Art und Weise der Ermittlung der veröffentlichten forststatischen Zahlen machten diese allzu aphoristisch. Es fehlt durchaus das Band, welches sie früher oder später mit anderwärts gefundenen verknüpfen könnte, um allgemeine Gesetze daraus aufzustellen; dies kommt hauptsächlich daher, daß man nur absolute Größen aufsuchte.

Sicher erhielte man in ungleich kürzerer Zeit Material, das jene Gebrechen bis zu einem hohen Grad ausschlösse, wenn man auf die Erforschung relativer und procentischer Zahlen so lange das Hauptgewicht legte, als die obsoluten ohne Nutzen sind, oder gar zu Irrthümern Veranlassung geben. (Vergl. Anhang, Note V.)

4) Anzucht von Futtergras. Viele Forstbeamten verwalten Domanialwiesen. Manche haben sich schon große Verdienste erworben, dadurch daß sie die Wiesen durch künstliche Bewässerungsanlagen verbesserten, und zugleich das Grasareal bedeutend ausdehnten. Sie haben die Einnahmen beträchtlich gesteigert und dem Publikum Vorbilder zur Nachahmung geschaffen. Gewiß wären viele Andere (zu bequem, oder ohne Gelegenheit, sich nachträglich zu instruiren) in dieser Beziehung nicht zurückgeblieben, wenn sie früher den Wiesenbau speciell an einem concreten Beispiele praktisch ausführen gelernt hätten.

5) Waldfeldbau, durch Einrichtung einer besonderen, wenn auch kleinen, Betriebsklasse. (Vergl. §. 12. I. 2. b.)

6) Jagdbetrieb. Mit vielen Dienststellen ist Administration von Domanial-Jagden verbunden. Ferner fungirt der Forstbeamte als Techniker in fast allen Jagdangelegenheiten (z. B. bei Taxationen, bei Wildschadensklagen, bei Gutachten über Zustand der Jagden u. s. w.). Er ist endlich Jagdwirthschafts- und Jagdsicherheits-Polizeibeamter. Steht einer Forstlehranstalt eine Jagd zur Disposition, sowie eine Sammlung der nöthigen Jagdgeräthschaften, Modelle der Wildfährten u. s. w., so kann ein praktischer Unterricht nach den im vierten Kapitel des vorigen Abschnitts entwickelten Principien ertheilt werden.

7) Dasselbe gilt von dem Fischereibetrieb bei Verfügung über einige Teiche, Bäche u. s. w.

Die Einführung und möglichste Vervollkommnung des praktischen Unterrichts wären von der höchsten Bedeutung. Derselbe machte einen mächtigen Einfluß auf die Organisation des Forstwesens geltend. Der künftige Verwaltungs-Beamte stünde auf eigenen Füßen. Er vermöchte eine ebenso selbstständige, würdige und befriedigende Stellung einzunehmen, wie die übrigen Beamten, welche mit ihm auf gleicher Bildungsstufe stehen. Als nothwendige Folge hiervon könnte die Zahl der controlirenden Behörden bedeutend reducirt werden, wenn sich deren Functionen auf die wirklich nothwendige Controle und Inspection beschränkten. Ueberhaupt könnten dann ohne Bedenken die Principien der Forstverwaltung in Baden angenommen werden, welcher Staat in dieser Beziehung anderen Ländern vorangeschritten ist, denen er ganz sicher früher oder später als Vorbild dienen wird. Nur möchte noch hinzukommen, daß die Forstschutzbezirke auf die zweckmäßigste Weise, ohne Rücksicht auf die Verschiedenheit des Eigenthums, aus Domanial- und Communalwaldungen zusammengesetzt und alle Forstschützen von der Staatsregierung angestellt würden. Letztere müßten aber ebenfalls und zwar ausschließlich einen **praktischen** Cursus absolviren. Dieser könnte — bei Voraussetzung der nöthigen Schulkenntnisse — in dem Waldbau und der Forstbenutzung nahezu dieselbe Ausdehnung erhalten, wie für die höheren Forstbeamten und in dem Wegbau, der Taxation u. s. w. sich auf das Maaß beschränken, welches eine wünschenswerthe Unterstützung des Oberförsters bedingt. Bei Aussetzung eines Gehalts, wie er schon im Allgemeinen und im Interesse des Dienstes einem Forstschutzpersonal von jeglicher Bildungsstufe zu fixiren wäre, fänden sich gewiß Leute, welche die Kosten der nöthigen Ausbildung trügen. Bei solchen Untergebenen könnten die Oberförstereien vergrößert werden. Die ganze Forstorganisation beruhte auf einer rationellen Ausbeutung, Benutzung und Würdigung der disponibelen Kräfte.

Daß gerade im Forstfache noch eine besondere Behörde zwischen dem eigentlichen Verwaltungsbeamten und der Directivbehörde fast allerwärts besteht, hat wohl darin seinen Grund, daß man früher die Forstwissenschaft in eine höhere und eine niedere getheilt und hiernach für die verschiedenen Dienstgrade — Revierförster, Forstmeister, Mitglieder der Directivbehörde — abweichende Umfänge wissenschaftlicher Ausbildung vorgeschrieben hatte.

Ist man von dieser alten Eintheilung zurückgekommen und betrachtet das Gebiet der Forstwissenschaft, einschließlich ihrer Hilfsfächer, als ein einziges und untheilbares, so ist auch dessen gründliche Kenntniß in gleichem und ungeschmälertem Umfange für jeden Dienstgrad unerläßlich. Hat hiernach der Oberförster (Revierförster) eine vollständige Ausbildung in seinem Fache erlangt, so erscheint auch die so specielle Ueberwachung, Leitung, Führung, das so specielle Einschreiten und Eingreifen in den praktischen Betrieb von Seiten der controlirenden Behörde, nicht bloß unnöthig, sondern auch zwecklos und nachtheilig. Unnöthig, weil ja alsdann keine Lücken mehr auszufüllen sind, welche ein niederer Kulturzustand des Oberförsters im praktischen Betriebe allerdings hinterlassen würde. Zwecklos, weil, wie Carl Heyer sehr richtig bemerkt: „unter allen Umständen die eigentliche Forstverwaltung — das Wohl und Wehe der betreffenden „Waldeigenthümer und localen Bevölkerung — in den Händen „der Revierförster liegt; weil nimmermehr, zumal nicht bei „der nothwendigen großen Ausdehnung der Forste, eine mangelhafte wissenschaftliche und technische Befähigung der Revierförster etwa durch Beihülfe des noch so qualificirten und thätigen „inspicirenden und controlirenden Forstbeamten (des Forstmeisters) „auch nur einigermaaßen gründlich ersetzt und ergänzt werden könnte." Im Großherzogthum Baden hat man die ausschließlich, und in so richtigem Maaße inspicirenden und controlirenden Behörden — die Forstinspectoren — neben und nicht über die Bezirksförster und diese in directe Verbindung mit der Directivbehörde gestellt. Auf diese Weise können sich die Meinungen der eigentlichen Verwaltungsbeamten unverholen und ohne Scheu äußern, und ihre Kräfte ungehemmt wirken. Dies ist nicht möglich, wenn bei Meinungsverschiedenheiten dem Untergebenen die Gründe des Vorgesetzten unbekannt bleiben; wenn des letztern Stimme die letzte bleibt; wenn es mehr oder weniger Princip sein muß, dem Vorgesetzten Recht zu geben, zur Aufrechthaltung seiner dienstlichen Stellung; wenn der Vorgesetzte Zeugnisse über dienstliches Verhalten des Untergebenen abgibt, von denen dieser, außer allem directen Verkehr mit dem Colleg, nie etwas erfährt, so daß er sich weder rechtfertigen noch äußern kann, falls zu viel oder zu wenig gesagt worden ist; wenn sein Schicksal mehr oder weniger abhängt von der Individualität seines Vorgesetzten und seiner persönlichen Stellung zu demselben. Leicht wird er dann dazu verführt, weniger seine Ueberzeugung und Kenntnisse, als vielmehr Klugheit und Politik den Charakter seines dienstlichen Auftretens und Handelns bestimmen zu lassen, aus Besorgniß, es könnte seine Zwitterstellung außerordentlich unangenehm, und seine Aussichten auf Verbesserung seiner Lage und auf Avancement getrübt, oder ganz vereitelt werden.

§. 12.

Vierter Abschnitt. Hilfsmittel des praktischen Unterrichts.

Aus dem Vorhergehenden lassen sich mit Leichtigkeit die Hilfsmittel ableiten, welche bei Ertheilung eines praktischen Unterrichts zu Gebot stehen müssen.

I. Vor Allem ein Revier, welches sich nicht blos zu einem Lehrforst eignet, sondern auch als solcher benutzt werden darf. Zu dem Ende muß dasselbe:

1) sehr verschiedene Standortsverhältnisse, namentlich die wichtigsten Kategorien derselben, aufzuweisen haben. So hinsichtlich der Lage: Ebene und Gebirg. Der Boden muß hervorgegangen sein aus mannigfachen Gebirgsformationen, zugleich sehr abweichende physikalische Eigenschaften zeigen, besonders die beiden Extremen von Feuchtigkeit, Festigkeit, Bindung, Verwitterung u. s. w. und endlich mit mannigfaltigem Ueberzug bekleidet sein.

2) Eben so hätten die wichtigsten Holz- und Betriebsarten darin vorzukommen, beziehungsweise eingeführt zu werden; auch wenn sie theilweise den Standortsverhältnissen und Interessen des Eigenthümers weniger entsprächen, als andere. Mit anderen Worten, die relativ besten wären nicht ausschließlich zu wählen, sondern auch die zum Unterricht unbedingt nothwendigen, sobald sie nur bis zu einem angemessenen Grade prosperirten. Aehnliches gelte von den verschiedenen Betriebsoperationen, Art der Verjüngung, der Kulturen u. s. w. Die höheren Rücksichten auf den Unterricht und dessen wichtige Folgen müssen hier in die Wagschale drücken. Die localen Opfer hätte man als einen Theil des Fonds für den Unterricht zu betrachten, jedoch nur auf das dafür nöthige Maaß zu beschränken. Letzteres erscheint aber um so geringer, als in einem größern, zu einem Lehrforst überhaupt geeigneten, Reviere für viele Operationen, welche gezeigt werden sollen, wenigstens kleinere ganz geeignete Stellen sich auffinden lassen, sobald man diese nur an und für sich, und nicht im Zusammenhang mit der übrigen Waldfläche, betrachtet. (Wie oft sind auch selbst erprobte Verfahren nur deshalb nicht üblich, weil sich ihre Anwendung nur auf kleine Stellen beschränken könnte!)

Nach unserer Ansicht erscheinen besonders folgende Betriebsklassen unbedingt nothwendig:

a) Ein Buchenhochwald. Die Verjüngung eines Schlages hätte beim Anhieb jedesmal nach verschiedenen Methoden zu geschehen; nämlich α) ein Theil desselben natürlich, β) ein anderer künstlich durch Unterpflanzung des Oberstands mit Buchen u. s. w., γ) ein dritter mittelst Vorbaues von Kiefern und Lärchen nach erfolgtem Kahlabtrieb und alsbaldiger Umwandlung des Nadelholzes in Buchen. — Einsprengung lichtbedürftiger u. s. w. Holzarten an geeigneten Stellen.

b) Ein Kiefernhochwald. Verjüngung der Schläge nach erfolgtem Kahlbetrieb theilweise α) mittelst Saat, β) mittelst Pflanzung; und zwar nach, oder gleichzeitig mit mehrjähriger Benutzung einer Parthie der Fläche zu Fruchtbau. — Auf einem kleinen Theil des Schlages auch natürliche Verjüngung.

c) Ein Eichenschäl-Niederwald, mit gleichzeitiger Behandlung einer Portion jedes Schlags als Hackwald. Erforderlichen Falls Einführung eines von 2 zu 2 Jahren intermittirenden Nachhaltbetriebs bei 2jährigem Unterrichts-Cursus, behufs größerer Ausdehnung der Schlagflächen.

Kann man das schwächere Nutzholz in reinen Beständen, oder mittelst Einsprengens während eines angemessenen Brennholz-Turnus erziehen, und vermag man den erforderlichen Bedarf an stärkeren tauglichen Stämmen durch Ueberhalten einzelner Bäume während mehrer Brennholz-Umtriebe zu befriedigen, so bringt die Verbindung der Brenn- und Nutzholzzucht dem Waldeigenthümer keinen Nachtheil. Sobald aber das Nutzholz nur einige Procente der ganzen Holzerndte ausmacht, und viel höhere Umtriebe erfordert, als das Brennholz, so wäre, nm nicht die Rentabilität der Waldungen ganz ohne Noth herabzudrücken, eine möglichste Trennung der Brenn- von der Nutzholzwirthschaft anzustreben. Deshalb verlangt ein Lehrforst:

d) eine besondere Betriebsklasse zur Erziehung stärkerer Nutzstämme. Hierzu wären besonders geeignete Theile des Reviers, wenn auch in mehren Stücken von einander getrennt, auszuscheiden. Auf die einzelnen Stämme könnte eine ganz specielle gärtnermäßige Sorgfalt verwendet werden, um sie ihrer künftigen Bestimmung gemäß zu erziehen. Besonders wären Eichen, Kiefern und Lärchen mit späterer Unterpflanzung u. s. w. von Bodenschutzholz, desgleichen Fichten und Weißtannen zu wählen.

Bei der erwähnten Einrichtung erschienen die vier Betriebsklassen um so instructiver, als jede einzelne gewissermaßen die Stelle mehrer vertreten würde. Jeden (Jahres- oder Perioden-) Schlag benutzte man gleichzeitig an verschiedenen Orten auf andere Weise, ohne dadurch die Einheit der Betriebsklasse überhaupt, oder auf eine nachtheilige Art zu stören. — Gleichzeitig wären alle Hauptfälle vorgesehen, um Behandlung und gegenseitiges Verhalten der lichtbedürftigen und schattenvertragenden Holzarten, rein und in Untermischung mit einander, zu zeigen.

II. Mehre größere Forstgärten behufs der Wald- und Obstbaumzucht in verschiedenen Lagen und mit verschiedenem Boden.

III. Eine vollständige Sammlung aller praktisch wichtigen Cultur- und Holzhauer-Werkzeuge im vollkommensten Zustande. Von jedem einzelnen Exemplar eine angemessene Stückzahl, um nicht bloß einen Elementar-Unterricht ertheilen, sondern auch die Arbeiten im Großen zeigen zu können. Außerdem ein Inventarium sonstiger im Ressort der Forstbenutzung wichtiger Gegenstände, wie z. B. zum Transport der Waldproducte, soweit solcher von der Forstverwaltung besorgt wird; ferner eine Rindenhütte, ein Trockenspeicher für die Saamen u. s. w.

IV. Eine Jagd auf einem Territorium, welches Wald, Feld und mehre größere Gewässer enthält (in welcher Beziehung wieder die Umgebung von Gießen eine erwünschte Gelegenheit böte). Hierzu eine Sammlung der nöthigen Jagdgeräthschaften.

V. Desgleichen eine Fischerei mit dem erforderlichen Inventar.

VI. Daß dem Lehrer die Verwaltung des Lehrforsts übertragen werden muß, wenn seiner Wirksamkeit nicht der Lebensnerv durchschnitten werden soll, ist eben so natürlich, als daß der Chemiker dem Laboratorium, der Kliniker dem Klinikum vorsteht, und daß der Lehrer der Landwirthschaft die Instituts-Ländereien verwalte. — Es unterliegt wohl keinem Zweifel, daß die Administration eines Lehr-Reviers die Kraft und Zeit eines Mannes nicht blos ebenso in vollen Anspruch nimmt, wie die jedes andern, sondern noch viel mehr. Denn soll ein Lehrforst ein Muster abgeben, so muß die Verwaltung mit einer außergewöhnlichen Accuratesse besorgt werden. Eben so wenig wird in Abrede zu stellen sein, daß der praktische Unterricht, wenn er nach dem angegebenen System ertheilt wird, ebenfalls die Zeit und Kraft eines Mannes und zwar im besondern Grad in Anspruch nimmt. Man wolle nur erwägen, daß die Vorbereitungen im Walde (Aussuchen passender Stellen, vorheriges Probiren, Arrangiren u. s. w.) wenigstens eben so viel, gewöhnlich aber noch mehr Zeit kosten, als der Unterricht selbst. Noch mehr ist dieses der Fall mit den Zimmer-Arbeiten. Die mühsamen Berechnungen bei der Taxation, der Waldtheilung, dem Wegbau muß der Lehrer für sich und meistens doppelt machen, um sogleich richtige Resultate mittheilen zu können. Jene wiederholen sich in jedem Cyclus aufs Neue, da dieselben Beispiele nicht mehr zum zweitenmal gewählt werden können und die wenigen wiederholt zu benutzenden immer wieder dem neuesten Stand der Wissenschaft angepaßt und umgerechnet werden müssen.

Davon wollen wir ganz absehen, daß der Lehrer nicht still stehen darf, sondern sich mit der Litteratur bekannt machen und vielerlei studiren muß.

Wäre nun derselbe nur auf seine eigenen Kräfte beschränkt, so könnte er seinen Pflichten nur dann nachkommen, wenn er in derselben Zeit gerade so viel zu arbeiten vermöchten, als zwei tüchtige und ausgezeichnet fleißige Leute. Ist er aber kein solches Sonntagskind, sondern organisirt und begabt, wie andere Menschen, so würde er entweder in jeder Richtung etwas ganz Oberflächliches zum großen Nachtheil der Studirenden und der Waldeigenthümer zu leisten im Stande sein, oder er müßte um so mehr die eine Seite seines Wirkungskreises vernachlässigen, als er die andere berücksichtigen wollte. Das Interesse an seinem Dienste müßte erkalten, wenn er sähe, daß das Resultat einer übermenschlichen Anstrengung nur Stümperei und der Lohn seines Fleißes nur Tadel von zwei Seiten her sein könnte. Das innere Bewußtsein, nach Kräften gearbeitet zu haben, vermöchte nicht zu entschädigen und zu trösten.

Das einzige Mittel, einem solchen Mißstande zu begegnen, liegt ganz nahe: Dem Lehrer ist ein tüchtiger Assistent beizugeben, welcher ihn sowohl bei Verwaltung des Reviers, als bei Ertheilung des Unterrichts kräftigst unterstützt, und eines der wesentlichsten Hilfsmittel des praktischen Unterrichts abgibt.

Hinsichtlich der Art der Unterstützung erlauben wir uns nun unsere Ansichten zu entwickeln.

Die Verwaltung eines Reviers ist doch nur deshalb dem Lehrer übertragen, weil jenes das wichtigste Hilfsmittel des Unterrichts ist; gewiß aber nicht, um im Staatshaushalt etwas zu ersparen. Denn damit wäre ja sonst indirect ausgesprochen, daß Zeit und Kräfte der übrigen Revierverwalter u. s. w., deren Bezirke eben so groß, oder gar noch kleiner sind, kaum zur Hälfte von ihrem Amte in Anspruch genommen seien.

Hieraus würde folgen, daß der Lehrforst von einem besondern Forstbeamten administrirt werden müßte. Dieß ist aber unmöglich, weil zwischen dem Lehrer und dem Verwaltungsbeamten Collisionen entstünden, bei welchen das Ertheilen eines ersprießlichen Unterrichts gar nicht denkbar ist.

Die Besorgung sämmtlicher Verwaltungsgeschäfte durch den Lehrer selbst dürfte aber nicht gestattet sein, weil sonst der Zweck der Uebertragung der Stelle ganz aufgehoben würde. Denn da die Dienstgeschäfte nur zum kleinen Theil als Gegenstand des Unterrichts dienen können, so würden sie den Lehrer vom Unterricht abziehen. Sonach möchte es förmlicher Grundsatz sein, jenen, soviel als überhaupt nur möglich, der Last aller Arbeiten zu entheben, welche mit dem Unterrichte in keinem weiteren Zusammenhange stehen, und solche dem Assistenten zu übertragen. Letzterer hätte seinen Dienst, natürlich in Uebereinstimmung mit den gesetzlichen Bestimmungen, genau nach Plan und Anordnung des Lehrers zu besorgen und dafür verantwortlich zu sein. Die Ausführung der jährlichen Wirthschaftspläne hülfe der Assistent in der Weise einleiten und überwachen, wie sie für den Unterricht als die nützlichste festgesetzt worden ist. Eben so müßte er bei Controlirung des Forstschutzpersonals Beistand leisten. — Anlangend die Bureauarbeiten, so wäre ihm die Besorgung des ganzen Rechnungswesens zu übertragen, die Abzählung der Waldproducte, Aufstellung der Forstgerichtsprotocolle, Führung des Abverdienstes, nachdem der Administrator allenfalls blos über Verwendungsart der Sträflinge verfügt hätte; ferner das Mundiren aller Berichte und Schreiben, sowie theilweise das Concipiren, nach gemachter Mittheilung des Inhalts. Für richtige Erledigung hätte der Assistent verantwortlich zu sein.

Die Seele der eigentlichen Verwaltung bliebe der Lehrer; er behielte durchaus das Heft in der Hand, um eben die Administration des ganzen Lehrforsts zur möglichsten Instruirung der Studirenden benutzen und leiten zu können. Sein Gehilfe müßte durchaus fähig sein und ihm ganz zur Verfügung stehen. Dazu empfähle sich am meisten ein geprüfter Forstcandidat, welcher der Anstellung noch möglichst ferne stände. Dann würde einem zu häufigen Wechsel vorgebeugt, welcher immer einigen Nachtheil für Unterricht und Revierverwaltung nach sich zöge. Denn jedesmal, bis der Gehilfe sich mit seinem Amt vertraut und mit den Verhältnissen näher bekannt gemacht hätte, müßte der Lehrer natürlich alle Dienstgeschäfte viel sorgfältiger controliren und dem Unterricht mehr oder weniger entzogen werden.

Nur auf diese Weise könnte der Zweck des Lehrforstes erreicht und der Unterricht ein durchaus vollständiger werden, ohne daß die Verwaltung des Reviers im Geringsten litte.

Gegen eine derartige Einrichtung ließen sich wohl manche Einwürfe machen; besonders wenn vor kleinlichen und einseitigen Rücksichten die Erreichung eines höheren und wichtigeren Zwecks in den Hintergrund tritt. So könnte man z. B. behaupten, es seien zwei Personen neben einander Verwalter und schöbe bei vorkommenden Irregularitäten der eine die Schuld auf den andern u. s. w. Derartige Einwände wären aber um so weniger stichhaltig, als ja bei fraglicher Einrichtung überall nur der Lehrer der Vorgesetzte ist und direct oder indirect für einen untadelhaften Gang der Verwaltung nach jeder Richtung hin verantwortlich bleiben kann. Denn was die Bureauarbeiten, namentlich das Rechnungswesen anlangt, so könnte jedes Aktenstück zum Unterzeichnen durch die Hand des Lehrers gehen, nachdem es vorher der Gehilfe vidimirt hätte. Dadurch wäre des letzteren Verantwortlichkeit für genaues Mundiren, Eintragen, für untadelhafte Aufstellung der Protocolle, für richtige Rechnungsführung u. s. w. ausgesprochen und zugleich die ganze Correspondenz im Namen des Oberförsters geführt. (Gemachte Fehler kämen sämmtlich und sehr bald an den Tag.) Hinsichtlich der Waldarbeiten wäre der Letztgenannte für Erfüllung der Obliegenheiten seines Gehülfen eben so verantwortlich, wie für die des Forstschutzpersonals. Daß er es aber überhaupt an einer scharfen Controle und einem thätigen und speciellen Eingreifen nicht fehlen lassen würde, dafür möchten zwei Gründe bürgen. Einmal ist anzunehmen, daß als Lehrer solche Leute angestellt werden, welche schon vorher etwas in praxi geleistet und sonach an ihrem Dienste das nöthige Interesse bewiesen haben; welche den praktischen Betrieb genau kennen und sogleich wissen, wo, wann und wie scharfe Controle nöthig ist und geübt wird. Sodann ist vorauszusetzen, daß jenes Interesse mit dem neuen Amte um so weniger erkalten kann, als Ehre und Ansehen des Lehrers mit Art der Verwaltung des Lehrforsts innig verknüpft sind, und als die öffentliche Meinung besonders dazu geneigt ist, gerade an seine Leistungen einen sehr scharfen Maasstab anzulegen.

VII. Als letztes wichtiges Hilfsmittel eines vollständigeren praktischen Unterrichts möchten die Excursionen gelten. Es ist durchaus nothwendig, daß eine jede derselben den ganz bestimmten Zweck erfülle, eine specielle Arbeit kennen zu lernen. Sonst arten sie leicht in oberflächliche und langweilige Spaziergänge aus, in's Blaue hinein, um Bestände, Kulturen u. d. m. zu zeigen und daran allgemeine Bemerkungen zu knüpfen, die angehört und eben so schnell wieder vergessen werden. Man kann zweierlei Arten von Excursionen unterscheiden, kleinere und größere. Die ersteren sind die gewöhnlichen, welche sich auf den Lehrforst, oder dessen nächste Umgebung beschränken. Ist dieser nur einigermaßen seinem Zweck entsprechend, so reichen sie auch wohl vollständig aus, um einmal das Material zu den praktischen Aufgaben zu liefern und sodann alle nicht außergewöhnliche Arbeiten zu zeigen. Schließt nun aber der Lehrforst für immer, oder blos vor der Hand die Gelegenheit aus, Betriebsarten, damit verknüpfte Operationen u. s. w. kennen zu lernen, welche vorzugsweise an bestimmte Localitäten geknüpft sind, gleichwohl aber in unserer Wissenschaft eine bedeutsame Rolle spielen, so sind diese Lücken durch größere Excursionen in entferntere Reviere auszufüllen. Auch hierbei wird der Zweck durch bloßes Herumstreifen in den Waldungen und Anschauen der Erfolge nicht erreicht. Es muß auch eine genaue Beschreibung der Maaßregeln gegeben werden. Den Studirenden muß auf eine übersichtliche Weise und in kurzester Zeit der Vollzug eines Verfahrens, die Ausführung eines ganzen Betriebssystems u. s. w. mit allen Details im Kleinen gezeigt werden. Dieß wird besonders dann nöthig, wenn damit eigenthümliche Manipulationen verknüpft sind, welche bei anderer Gelegenheit gar nicht vorkommen, oder nur eine untergeordnete Rolle spielen. Die Durchführung dieser Unterrichts-Methode ist jedoch durchaus bedingt von der wesentlichsten Unterstützung von Seiten der Localbeamten. — Außerdem muß dem Lehrer ein angemessener Fond zur Bestreitung der damit verbundenen Unkosten für das Arbeiterpersonal, Kulturmaterial u. s. w. zur Verfügung stehen.

Zur näheren Erläuterung lassen wir beispielsweise die kurze Beschreibung einer Excursion folgen, welche im Herbst 1858 mit den Studirenden gemacht wurde. — Vorerst sollten die Eleven im Forste Reinheim bei Darmstadt das Bild von einer im höchsten Grade verfeinerten Forstwirthschaft empfangen. Ferner sollten sie dort ganz besondere Gelegenheit finden, die Eigenthümlichkeiten der lichtbedürftigen und Schatten vertragenden Holzarten und deren Verhalten zu einander zu beobachten und nach der Natur zu studiren. Die Seele jener Wirthschaft, deren in den von Wedekind'schen Jahrbüchern und anderwärts rühmend gedacht ist, war der in mancherlei Hinsicht der Wissenschaft vorausgeeilte verstorbene Forstmeister Friedrich Heyer. Derselbe hatte bereits vor langen Jahren das Verhalten der Holzarten gegen Licht und Schatten nicht blos richtig erkannt, sondern auch zu dem förmlichen System benutzt: die eigenthümlichen Schwierigkeiten, welche sich dem Anbau einer edlen Holzart entgegenstellen, durch Vor- und Mit-Anbau einer andern zu beseitigen, so daß erstere als Zweck, letztere als Mittel erschien. Besonders dienten ihm Kiefern, Lärchen, Erlen, Birken zur Erziehung von Buchen, Eichen, Eschen, ferner Fichten und Weißtannen zur Erziehung starken Eichen- und Lärchen-Nutzholzes. Die erstgenannten Holzarten könnte man bezüglich ihrer Nebenrollen, die ihnen zugetheilt waren, dort eintheilen in:

a) Bestandsschutz-, b) Bestandsschluß- und c) Bodenschutz-Holz.

ad a. Anlangend das Bestandsschutzholz, so ist dort die Lehre von den Schutzbeständen schon vor langen Jahren gegründet und im großartigsten Maasstab praktisch ausgeführt worden. Sie findet sich trefflich geschildert Seite 109 des Waldbaues von Carl Heyer. Besonders fand Anzucht von Buchen mit eingesprengten Eschen, Ahorn u. s. w. unter jungen Kiefern-, Lärchen- und Birkenbeständen statt. Mancherlei Bestände der Art wurden besichtigt.

Sodann zeigte man ältere Buchenheegen, welche in früher Jugend durch Frost u. s. w. verkrüppelt, durch zweckmäßiges Egalisiren und Einpflanzen von Kiefern und Lärchen über die Forstregion hinaus in normales Wachsthum gebracht und dann vom Nadelholz wieder befreit worden waren.

ad b. Um die Zuhörer mit der Rolle des Bestandsschlußholzes bekannt zu machen, besuchte man jüngere

Buchenbestände, welche den Beweis liefern, daß sehr spärlich stehender Nachwuchs eines Besaamungsschlags dennoch vollkommene Bestände zu liefern vermag, wenn mittelst Kiefernbeisaat die Lücken ausgefüllt, und der vorher etwas lichtgestellte Oberstand nach Bedürfniß entästet und so zeitig abgetrieben wird, daß die lichtbedürftige Kiefer nicht eingeht.

Letztere sollte den Boden decken, die jungen Buchen gegen Frost schützen, den Nachwuchs schließen und dadurch emporbringen helfen, endlich in dem Maaße, als die Buchen selbstständig den Schluß übernehmen konnten, das Feld durch Aushieb wieder räumen. — Gerade die Kiefer erfüllte vollständig diesen Nebenzweck. Sie ist schnellwüchsig, gegen Frost unempfindlich und nicht verdämmend; von der andern Seite aber wieder so viel Druck vertragend, daß sie nicht blos einige Jahre unter einem entsprechend gelichteten Buchenoberstand ausdauert, sondern auch ihre grünen Zweige im Schluß mit dem Nachwuchs in dem Grade behält, daß letzterer zum Emporwachsen forcirt wird. Mit den Bedürfnissen ihrer Pfleglinge geht sie dann gewissermaaßen Hand in Hand. So verlangt sie die Stellung des Oberstands um so lichter, je trockener der Boden ist u. s. w.

Eben so zeigte man den Zöglingen Stellen, wo Friedrich Heyer mit Beihülfe der Fichte reine geschlossene Buchenhölzer gezogen hat.

Man machte darauf aufmerksam, daß bei Anwendung der Fichte als Bestands-Schlußholz der Oberstand dunkler gehalten, oder vielmehr ausschließlich nach den Bedürfnissen der Buchen behandelt werden muß. Nach Abtrieb des Oberstands ist beim späteren allmählichen Aushieb der Fichten vorsichtig zu verfahren. Gewöhnlich muß demselben eine bloße Entgipfelung vorausgehen, wenn zwischen der dichten Beastung der Fichte das Laubholz schlank emporgewachsen ist, damit sich vorerst dessen Krone und Stämmchen kräftiger zu entwickeln vermag. Bis dahin sind die entgipfelten Fichten als Boden- und Stamm-Schutzholz zu belassen.

ad c. Um endlich die Eleven mit Anwendung und Bedeutung des Bodenschutzholzes bekannt zu machen, führte man sie in mehre Eichenbestände, welche vor längerer Zeit mit Fichten unterpflanzt waren und in Folge dessen ein vorzügliches Wachsthum zeigten.

Diese Bestände gaben zu folgenden Betrachtungen und Schlußfolgerungen Stoff und Veranlassung:

Buchen und Fichten (auch Weißtannen) eignen sich als Bodenschutzholz unter Eichenbeständen. Erstern gebührt der Vorzug, wenn der Schutz sehr frühzeitig gegeben werden soll. Einmal wirken die Aeste der Buchen auf die später erreichten Eichenkronen nicht verdämmend — vertragen sich ja Buchen und Eichen mit einander, wenn letztere gar keinen oder nur einen geringen Vorsprung besitzen —; sodann werfen die Buchen beim Abtrieb werthvolles Brennholz ab. Die Fichten würden dagegen im vorliegenden Fall die bald eingeholten Eichen überwachsen und unterdrücken, wenn man nicht Entgipfelung als einziges aber kostspieliges Mittel in Anwendung brächte. Soll dagegen zuerst späterhin, nachdem die Eichen das mittlere Alter erreicht oder überschritten, das Schutzholz angebaut werden, so empfiehlt sich zu solchem die Fichte (und Weißtanne). Einmal wird diese gar nicht mehr oder doch sehr spät und mühsam jenen gleich kommen, sodann, bei einem wegen späteren Einsetzens früher erfolgten Abtrieb, wenn auch schwaches, doch werthvolles Nutzholz abwerfen. Dagegen gäbe hier die Buche nur ein geringes Brennholz-Sortiment ab. —

Aus gleichem Grunde dürfte sich die Unterpflanzung älterer Eichenbestände, welche demnächst in Buchen umgewandelt werden sollen, mittelst Fichten empfehlen. Triebe man dann bei der Verjüngung zuerst die Fichte ab und formirte aus den Eichen einen die jungen Buchen schützenden Oberstand, so wäre zur Empfangnahme der neuen Holzart der Boden entsprechend vorbereitet, sodann der Oberstand zugleich der Lieferant der zum Einsprengen nöthigen Eicheln und die Fichte als schwaches Nutzholz absetzbar.

Mehrere stark durchforstete und alsdann mit Fichten und Weißtannen unterpflanzte Lärchenbestände wurden besichtigt.

Friedrich Heyer, der sich viel mit Lärchenzucht beschäftigte, kam schließlich zur Ansicht, man solle diese Holzart schon von vorn herein etwas räumlich anbauen, später stark durchforsten und alsdann mit Bodenschutzholz unterpflanzen, namentlich wenn man stärkere Nutzholzbestände ziehen wolle. Die unteren Aeste solle man etwas wegnehmen, sowohl um dem Schutzholz Luft zu machen, als die Lärchen selbst vollholziger werden zu lassen. — Zur Erziehung einzelner stärkerer Nutzstämme sprengte er die Lärchen in Buchen-Fichtenheegen ein, „weil sie durch die aufwachsende und Druck vertragende „Holzart von unten von selbst ausgeästet würde, oberhalb derselben kräftige „und gesunde Kronen entwickeln könne, und bei ihrer Unfähigkeit, Schatten „vertragende Holzarten zu verdämmen, als reine Dreingabe zu betrachten sei."

Eben so instructiv erschienen mehre Bestände von Eschen und Erlen in Untermischung. Unter stark durchforstete Erlen wurden Eschen gepflanzt. Nachdem diese angewachsen waren und kräftige Längentriebe zu entwickeln begannen, wurden die Erlen mehrmals auf den Stock gesetzt, so oft nämlich die rasch emporschießenden Erlenausschläge die Eschen zu verdämmen drohten. Beim letzten Abtrieb endlich blieben schöne Erlenlohden in zweckmäßiger Vertheilung stehen, zur Bildung eines gemischten Bestandes. Hier hatten die Erlen gewissermaaßen abwechselnd die Nebenrolle von Bestandsschutz-, Bestandsschluß- und Bodenschutz-Holz zu spielen.

Endlich besichtigte man die ausgedehnten, brillanten Umwandlungen alter Kiefernbestände in Laubholz, die ausgedehnten Forstgärten und mehre Buchenbestände, die als junge Heegen sehr unregelmäßig waren, aber durch zweckmäßiges Egalisiren normal wurden.

Der Verfasser, welcher mit den Ansichten und Theorien seines Vaters schon in früher Jugend bekannt gemacht wurde, und fast alle Operationen ausführen sah, konnte den Studirenden den ganzen Vorgang und die allmähliche Gestaltung der Bestände referiren und bezüglich der dabei angewandten elementaren Verfahrungsweisen, Culturmethoden u. s. w. auf die im IV. Theile des praktischen Cursus vorgekommenen Arbeiten verweisen.

Aus dem Forste Reinheim wandte sich die Excursion nach Hirschhorn, dem Sitz des Hackwaldbetriebs mit Ueberlandbrennen. Der dortige Oberförster, dem der Verfasser schon vorher seine Wünsche mitgetheilt, hatte die Gefälligkeit alle Vorbereitungen zu treffen, um den gemachten Plan möglichst realisiren zu helfen. Auf einer kleinen, besonders instructiven Fläche ließ er in einem Zeitraum von 2 Tagen alle Manipulationen — vom Fällen des Raumholzes an, bis zum Brennen des Bodenüberzugs und geringen Reisholzes — in der in praxi üblichen Reihenfolge mit den nöthigen Erläuterungen u. s. w. vor sich gehen. Ferner wurde auf einer bereits gebrannten Fläche die Bodenzubereitung und Aussaat der Feldfrüchte gezeigt; endlich das Rekrutiren der Schläge nach den dort üblichen Methoden. Schließlich machte man uns mit dem ganzen System der Verwerthung der Waldproducte, der Verpachtung der Flächen, wie sich solches nach und nach aus der Praxis entwickelte, bekannt. Eine Veröffentlichung desselben dürfte von großem Interesse sein.

Von Hirschhorn begaben wir uns in die Oberförsterei Virnheim, um den dort eingeführten Waldfeldbau kennen zu lernen. Mit Befolgung desselben Systems rollte man auf einer kleinen abgetriebenen Fläche das Bild der ganzen Wirthschaft vor unsern Augen auf. Im Laufe eines Tages wurden successive alle Arbeiten — vom Roden der Stöcke an, bis inclus. Bestellung der Fläche mit Feldfrüchten und Cultivirung mit Holzsaamen und Waldpflanzen — gezeigt, am folgenden Tage die älteren Schläge besucht, um die Erfolge des Betriebs zu sehen.

Die Bilder, durch unmittelbare Anschauung aufgenommen, werden unverwischbar sein.

Werden nach gleichen Grundsätzen anderwärts die Flößerei, das Holzwesen, die Köhlerei u. s. w. in Augenschein genommen (wäre z. B. gesorgt, daß die vollständige Herrichtung eines kleinen Meilers und die ganze Verkohlung des Holzes durch Anblick der Meiler in den verschiedenen Stadien des Verkohlungsprocesses in einem Weg auf einer größeren Schlagfläche gesehen werden könnte), so dürften, bei einer derartigen Unterstützung des Lehrers von Seiten der Localbeamten, einige Excursionen hinreichen, den praktischen Unterricht sehr wesentlich zu vervollständigen. In sein Bereich könnte auch die Lehre solcher Betriebssysteme aufgenommen werden, welche durch eigenthümliche Localverhältnisse bedingt, dem eigentlichen Lehrforst fremd erscheinen.

§. 13.

Fünfter Abschnitt. Sind Maaßregeln zu ergreifen und welche, um die Studirenden zur besonderen Betheiligung am praktischen Unterricht zu veranlassen?

Wurde im Vorhergehenden Art und Hilfsmittel des praktischen Unterrichts besprochen, so bleibt noch die Frage zu erörtern, wie die Eleven zu veranlassen seien, den möglichsten Gewinn daraus zu ziehen. Wenn auch Viele ein großes Interesse an Erlernung der Arbeiten zeigen, deren Ausführung resp. Ueberwachung und Leitung gewissermaaßen dereinst das Tagesgeschäft bilden, so ist das wieder bei vielen Andern nur in einem geringen Grade, oder fast gar nicht der Fall, und zwar aus verschiedenen Gründen:

Entweder sehen sie die Wichtigkeit des Unterrichts nicht ein, oder sie sind zu bequem, Arbeiten auszuführen, die ihrer Natur nach die öftere Wiederholung ein und derselben Manipulation in sich schließen und dadurch zeitweise etwas mechanisch erscheinen. Dies ist bei allen größeren Beispielen unvermeidlich, wenn auch der Lehrer noch so sehr bedacht ist, alles Ermüdende — so z. B. bei Berechnungen die Anwendung der 4 Species durch sofortiges Dictiren der Resultate — möglichst zu umgehen. Allein nur an größeren Beispielen lernt man die Beispiele in der Praxis zu behandeln.

Mancher, welcher aus den rein wissenschaftlich gehaltenen theoretischen Vorträgen kommt, wo jeder gesprochene Satz eine neue Lehre, eine anregende Bemerkung enthält, mag zwischen diesen und dem praktischen Unterricht einen Abstich zu Ungunsten des Letztern empfinden, weil er dessen Werth nicht mit Händen greifen kann und zuerst später einsehen lernt. Hier geht nicht Alles so glatt und rasch ab und folgt nicht ein theoretischer Satz so schnell und unmittelbar auf den andern. Der ganze

Gang ist ein ungleich langsamerer. Mancherlei Schwierigkeiten, verbunden mit längerem Aufenthalt, sind öfters zu überwinden, bis die Anwendung eines theoretischen Satzes gezeigt ist, und nach mancherlei Wiederholungen erst ein anderer sich anknüpft. Außerdem sind Capacität und Geschicklichkeit verschieden ausgetheilt. Ein Theil der Eleven muß öfters auf den andern warten. Endlich kann blos Erprobtes, Reales und besonders Wichtiges Gegenstand des Unterrichts sein. Geistreiche, Effect machende Hypothesen, welche noch nicht auf ihre Anwendbarkeit geprüft sind, scharfsinnige, glänzende Abstractionen u. s. w. können hier nicht gebraucht werden, einen Vortrag pikant und amusant zu machen. Im Allgemeinen prüft sich immer die Richtigkeit des Gesagten durch die unmittelbar folgende Ausführung. Auf der Stelle straft sich Alles zu viel oder zu wenig Gesagte und jede auf keiner soliden Grundlage ruhende Hypothese. Der ruhige Ernst, die Ueberlegung, die Bedächtigkeit und die Nüchternheit der Praxis muß hier überall durchleuchten und dem Unterricht sein Colorit geben. Deshalb reitet auch mancher Eleve viel lieber auf dem schnellfüßigen Roß „Theorie", als auf dem langsam gehenden schwerfälligen Arbeitspferd „Praxis".

Ferner trägt es sich auch wohl zu, daß einseitige und kurzsichtige Forstleute, welche Alles für unpraktisch halten, was sie nicht selbst wissen oder im eigenen Bezirk gesehen haben, bei ihren, die Forstlehranstalt besuchenden, Söhnen, mit Geringschätzung über den Unterricht sprechen, und denselben eine Einübung auf die Praxis zu Hause in Aussicht stellen, welche im Lichte der väterlichen Autorität als die allein wahre erscheint. Sind sie etwa durch eine solche Abrichtung bereits verpfuscht, so bilden sie sich auch wohl ein, schon im Besitze der eigentlich nöthigen praktischen Kenntnisse zu sein.

Endlich kommt noch hinzu, daß gerade der fragliche Unterricht einen unausgesetzten Besuch verlangt, weil so Vieles aus der unmittelbaren Anschauung gelernt wird, und sonach das Versäumte nicht gut nachzuholen ist. Bei öfterer Versäumniß verlieren die Zöglinge den Zusammenhang und damit Lust und Liebe am Gegenstande selbst, wenn sie nicht mehr zu folgen im Stande sind.

Folgende Mittel dürften als die geeignetsten erscheinen, um die nachtheiligen Wirkungen der berührten Ursachen zu entkräften, und die Eleven zur unausgesetzten und intensivsten Betheiligung am Unterrichte zu veranlassen.

1) Die Zöglinge hätten die praktischen Beispiele vollständig auszuarbeiten und das Operat zu Ende jedes Semesters bei dem Lehrer abzugeben, desgleichen ein Verzeichniß und genaue Beschreibung und Kritik aller bei den Excursionen ausgeführten Arbeiten. Hiervon wäre die Zulassung zum Examen überhaupt abhängig zu machen. Die Art der Ausfertigungen müßte mit über die Examens-Note entscheiden.

2) Ein strenges Examen in allen Zweigen der Wissenschaft, über welche sich der Unterricht erstreckte, namentlich im Waldbau, Forstbenutzung, Wegbau, Taxation. Der Natur des Unterrichts conform wären praktische Beispiele zu lösen.

a) Was den Waldbau anlangt, so hätte z. B. der Examinand auf einer kleinen Fläche das Durchforstungsholz auszuzeichnen und zwar in einem reinen, gemischten, gedrungenen, licht stehenden Bestande; einen Vorbereitungs-, einen Besaamungs-Schlag zu stellen. — Man könnte auf geeignete Flächen die verschiedenartigen Werkzeuge und das erforderliche Kulturmaterial bringen und ihn mit dem Hohlbohrer, der halbrunden Spathe, der Hacke, nach von Buttlar, Biermanns, Mannteufel u. s. w. einige Pflanzen vollständig einsetzen lassen. — Er hätte Pflänzlinge nach verschiedenen Methoden auszuheben und für Transport und Pflanzung vorzubereiten; Eicheln, Bucheln u. s. w. nach verschiedenen Methoden stecken; Platten u. s. w. zur Nadelholzsaat u. s. w. auf verschiedenem Terrain zuzubereiten und zu besäen; eine größere Fläche zu einem regelmäßigen Pflanzverband, oder zu einer Vollsaat abzustecken; in einem Forstgarten eine Stelle zu einem Saat- oder Pflanzbeet zuzubereiten, oder auf einem bereits zubereiteten Beete eine kleine Voll-, Rinnen- u. s. w. Saat oder Pflanzung auszuführen; einige Stämmchen mittelst Pfropfens, Oculirens, Copulirens zu veredlen.

Man könnte ihm einige gebräuchliche, jedoch in Besorgung des speciellen Gegenstands unkundige Arbeiter gleichsam als reine Werkzeuge zur Disposition stellen, welche unter seiner speciellen Anleitung körperlich anstrengende Arbeiten zu verrichten hätten, z. B., behufs der Bereitung der Kulturerde: die Gewinnung und das Aufschichten des Materials zu Meilern u. s. w.

b) In der Forstbenutzung wären Beispiele folgender Art zu wählen. Nach detaillirten Angaben des Examinanden hätten wohl im Hauen, aber nicht in der Holzhauerei kundige Leute Stämme nach verschiedenen Methoden mit Anwendung verschiedener Maschinen (Seil und Seilhaaken, Waldteufel, Druckmaschine u. s. w.) zu roden, gegen den Hang zu werfen, Stöcke zu spalten, verschiedene Sortimente, namentlich Stockholz aufzuarbeiten und aufzusetzen; von absichtlich falsch zubereiteten und aufgeschichteten Verkaufsmaaßen wären die Fehler anzugeben. Mit ähnlicher Beihülfe wären Baumsaamen, wie Eicheln, Bucheln zur Ueberwinterung einzuschlagen u. s. w.

Was den Wegbau und die Taxation betrifft, so wären darin jedesmal zweierlei Arten von Fragen zu stellen, nämlich aus dem speciellen und aus dem allgemeinen Theile. Dabei hätte man an dem Grundsatze festzuhalten, daß wenn die Lösung späterer Aufgaben Manipulationen vorausgegangener Fragen in sich faßten, mit Hilfe von Dictaten allen Wiederholungen und jedem unnöthigen Zeitaufwand begegnet würde. Alsdann wäre der Candidat nicht genöthigt, den Nachweis seiner

Kenntnisse in einem gewissen Gegenstand auf ermüdende Weise zu vermehrfachen. — In diesem Sinne müßte

c) bezüglich des Wegbaues zuerst eine ganz specielle, mehr elementare Aufgabe gegeben werden, wie z. B. Verbindung zweier Weglinien mit einer Curve von einem bestimmten Radius und einem gegebenen Gefäll; oder behufs der Ausfüllung einer Vertiefung in einem Wege die Aufsuchung derjenigen Gefälllinie, bei welcher Auf- und Abtrag sich vergleichen; oder Absteckung eines Entwässerungsgrabens. Bei allen dergleichen Aufgaben gleichzeitige Aufstellung eines Kostenvoranschlags, welcher sich auf Entwurf der nöthigen Länge- und Querprofile und Erdmassenberechnung gründen muß u. s. w. — Die allgemeinere größere Aufgabe, welche die Kenntnisse der elementaren Lehren in sich schließt, könnte z. B. die bloße Projectirung eines Wegnetzes über einen größeren District umfassen, nach der nöthigen Mittheilung der örtlichen Verhältnisse und Bedürfnisse des Publikums u. s. w., soweit diese darauf influiren und dem Candidaten aus der Begehung des Districts nicht bekannt werden können.

d) Bei der Taxation wäre aus dem besondern Theile aufzugeben: Bestimmung des Alters, des concreten und normalen Massevorraths und Zuwachses eines ältern, jüngern, reinen oder gemischten, gleich- oder verschiedenalterigen Bestandes, wobei entweder Fällung von Probestämmen, oder Anwendung von Reductionszahlen, oder Massetafeln anzuwenden; ferner Bonitirung eines normalen, abnormen, älteren oder so jungen Bestandes, daß aus dessen Holzgehalt noch keine Schlüsse auf künftige Erträge zu ziehen sind, oder Bonitirung eines umzuwandelnden Bestandes, einer Blöße u. s. w.; Berechnung des normalen und concreten Abtriebertrags einer Abtheilung und ihrer Zwischennutzungsmasse während eines bestimmten Zeitraums, wenn Zuwachsgang, Holzart, Umtrieb, Verhältniß der Zwischennutzungsmasse zum Zuwachs am prädominirenden Holze gegeben sind;

Aufstellung einer Ertragstafel aus einer Reihe geeigneter Bestände, worin der Candidat nur die Probeflächen abzustecken, dagegen die Massenbeträge je nach Umständen entweder gar nicht, oder nur theilweise zu erheben brauchte, indem er sie dann geliefert bekäme, wenn er entweder bereits in der Massenaufnahme geprüft worden wäre, oder daraus gar keine Frage erhalten sollte u. s. w. Anlangend eine größere Aufgabe aus dem angewandten Theile, so müßte das hierzu nöthige Material als: Karte, Flächenverzeichniß, Alter, normale und wirkliche Bestandsmasse, Verhältniß des laufend jährlichen zum normalen Zuwachs, Ertragstafeln, Bestands- und Standortsbeschreibung, Bestimmungen über künftige Bewirthschaftung, Schilderung der Lage des Eigenthümers, wenn solche auf das Operat influiren kann u. s. w., bis zu dem Grade dem Examinanden zu geben sein, als nothwendig, um den vollständigen Nachweis seiner Kenntnisse hinsichtlich der Anwendung des fraglichen Stoffs liefern zu können; wenn er nämlich z. B. eine rationelle Abtriebsfolge festsetzen, oder eine Ertragsregelung nach einer der bestehenden Taxationsmethoden ausführen, oder eine Massentheilung vornehmen soll u. s. w.

3) Allerdings mag das Examen das Hauptmittel sein, um sich von den Kenntnissen eines jungen Mannes zu überzeugen. Gleichwohl ist es nach unsern Ansichten nicht das alleinige und zur sicheren Beurtheilung der praktischen forstlichen Ausbildung genügende.

Anmerkung. Zur Vermeidung von Mißverständnissen und Verwicklungen in pädagogische Streitigkeiten die ausdrückliche Bemerkung, daß wir hier nur den seither abgehandelten forstlichen Unterricht im Auge haben und es der Entscheidung Anderer anheimstellen, in wie weit das Nachstehende auch auf andere Fächer Anwendung finden möchte.

Nehmen wir auch als ausgemacht an, daß von der Gewissenhaftigkeit des Examinators alle Regungen des Mitleids unterdrückt werden, die etwa der Gedanke an das Lebensglück des Examinanden und seiner Angehörigen hervorbringen könnte; daß eben so an seiner Ehrenhaftigkeit alle einflußreiche Verwendungen abprallen; daß alle Protectionen und Rücksichten wegfielen, und daß auch überhaupt durch eine entsprechende Einrichtung des Examinations-Verfahrens derartige Einflüsse sich gar nicht geltend zu machen vermöchten — so dürften gleichwohl die Prüfungsergebnisse nicht allein entscheidend sein. Es ist möglich, daß ein Candidat mit vorzüglichen Kenntnissen das Unglück hat, mehre Fragen zu erhalten, welche er nicht oder nur sehr ungenügend zu beantworten im Stande ist, daß er perplex wird, nicht zum gehörigen und scharfen Nachdenken aufgelegt ist, die ersten Arbeiten verpfuscht, dadurch das Selbstvertrauen und den Muth verliert u. s. w. Umgekehrt kann ein Examinand mit sehr mittelmäßigen Kenntnissen vom Glück begünstigt werden und gerade solche, ja vielleicht die einzigen Aufgaben bekommen, die er zu lösen weiß; er kann sich auch bei strenger Clausur mit Erfolg unerlaubter Hilfsmittel bedienen u. s. w. Im ersten Falle wird das Resultat der Prüfung ein sehr mittelmäßiges, im andern vielleicht ein glänzendes sein und sonach keinen richtigen Maaßstab für seine Bildungsstufe abgeben.

Im Allgemeinen sind nur bei dem Studirenden solide Fachkenntnisse vorauszusetzen, welcher mit gehörigem Fleiße dem Unterricht beigewohnt hat. Je weniger eine Wissenschaft rein abstract ist, desto mehr dürfte von dem Grade der Betheiligung an dem Unterricht das Maaß des Wissens bedingt werden. Dieß gilt also besonders von denjenigen Fächern, deren Hauptzweige hauptsächlich nur mittelst Demonstrationen und reiner Anschauung gelehrt und begriffen werden können. Hierzu dürfte man vorzugsweise zählen die Medicin, die sogenannten technischen Wissenschaften und darunter ganz ausdrücklich die Forstwissenschaft.

Erkennt man nun an, daß außer den Resultaten des Examens auch gleichzeitig der bewiesene Antheil an dem Unterricht über Grad der Ausbildung entscheiden muß, so folgt nicht blos das Recht, sondern auch gewissermaaßen die Pflicht der Regierung mit allen Mitteln den Grundsatz durchzuführen, daß jene Betheiligung möglichst ohne Unterbrechung zu erfolgen habe. Denn dieß gehörte zu den wesentlichsten Bedingungen, um Forstbeamten zu erhalten, welche ihrem Berufe vollständig nachzukommen vermögen.

Vielleicht fände man manches Gewichtige dagegen einzuwerfen. Alles hat seine zwei Seiten. Das Wichtigste muß jedoch entscheiden. So könnte man namentlich sagen, daß dadurch die Lernfreiheit beeinträchtigt, eine Art Schulzwang und ein geistiger Druck geübt würde, welcher der Entwicklung einer dem künftigen Berufe so nöthigen Selbstständigkeit zuwider sei, und das Aufkommen eines Genies oder Talents hemme u. d. m.

Der Grad der Ausbildung, welchen der künftige Forstbeamte in der so kurzen Studienzeit erlangt, äußert den mächtigsten Einfluß auf Wohl und Wehe des Waldbesitzers nicht blos während einer längeren Dienstzeit, sondern auch noch eine lange Reihe von Jahren nachher. Denn begangene Fehler vererben ihre nachtheiligen Folgen auf lange Zeit, oft mehr als ein volles Jahrhundert hinaus. Schon dieser Umstand allein wird jene Einwürfe entkräften. Dieß um so mehr, als die Waldeigenthümer im vollen Rechte sind, die Realisirung des oben ausgesprochenen Grundsatzes zu verlangen, sobald ohne ihre Mitwirkung von der Regierung ein Techniker und Vormund für sie bestellt wird, dessen Anordnungen sie sich fügen müssen. Ist letzteres nicht mehr wie recht, so ist ersteres nicht mehr wie billig.

Deshalb müßte der Eleve, welcher sich der beim Unterricht nöthigen Controle seines Fleißes nicht unterwerfen wollte, ein mehr abstractes Fach ergreifen, oder einen Beruf, bei welchem die Folgen einer mangelhaften Ausbildung ihn selbst träfen (weil man dann seine Dienste nicht begehrte), aber Andere nur dann, wenn diese aus freiem Entschluß seine Leistungen verlangen.

Aus welchem Grunde übrigens der junge Mann unmittelbar nach Bestehen des Abiturienten-Examens in einen Lebensabschnitt getreten sein soll, in dem er zu einer solchen Unabhängigkeit und Freiheit in der Disposition über seine Zeit berechtigt erschiene, wie vorher nicht da war und nach Beendigung der Studienzeit auch nie wieder sein wird — möchte schwer einzusehen sein.

Wenn der Candidat nach beendigtem Examen einen Acceß zur Erlernung des Geschäftsbetriebs macht, so verlangt man unausgesetzten Fleiß und pünktlichen Vollzug aller Arbeiten. Er muß den Lehrkursus wiederholen, wenn er diesen Obliegenheiten nicht nachkommt. Gleichwohl fällt ihm nicht ein, über Beeinträchtigung seiner Freiheit oder Selbstständigkeit zu klagen, oder durch ein Examen beweisen zu wollen, daß er sich dennoch die nöthigen Kenntnisse angeeignet habe. Aehnlich verhält es sich mit den Candidaten auf den Predigerseminarien. Nach Ablauf der Unterrichtsstunden steht jedem frei, über die übrige Zeit beliebig zu verfügen und sich als selbstständiger Mann zu bewegen.

Darf nun der Eleve während seiner Studienzeit einen höheren Grad von Freiheit u. s. w. ansprechen, als der Candidat, der Accessist u. s. w.? Wenn nicht, so entsteht die weitere Frage, ob er seine Obliegenheiten nicht eben so gut zu erfüllen und den zum Unterricht bestimmten Zeittheil nicht eben so zu verwenden hat, wie von jenem verlangt wird? Und ob dann nicht noch Zeit genug übrig bleibt, in der er das volle Maaß aller Freiheit übt, welche eben zur Entwicklung eines Charakters allerdings nothwendig ist. Gehört hierzu aber ein ganz unbeschränktes Dispositionsrecht über alle Zeit? Schlösse der Begriff von Selbstständigkeit das letztere in sich, so blieben die meisten Menschen während ihres ganzen Lebens unselbstständig.

Eben so wäre noch der Beweis zu erbringen, daß ein moralischer Zwang zur ununterbrochenen Betheiligung am Unterricht einen Druck ausübe, unter dem ein Genie oder Talent verkümmern könnte; vorausgesetzt jedoch, daß diesem freie Wahl bleibt, sich den ihm zusagenden Beruf zu wählen. Es würde im schlimmsten Falle, wenn seine seitherige Leitung wirklich eine total unrichtige gewesen wäre, sich dennoch eigene Bahn brechen, sonst aber nur um so rascher zur Entwicklung geführt werden. Vom Himmel herab ist noch kein Gelehrter gefallen. Nur angestrengte Thätigkeit und Studien vermochten schlummernde Genies zu wecken und so auszubilden, daß sie Großartiges leisteten. Wohl aber sind schon bei mangelndem Fleiße und unterlassener Anregung und Anspornung große Talente verkommen. Besonders begabte und geistig bevorzugte Menschen sind vorzugsweise der Versuchung ausgesetzt, ernstern Beschäftigungen entfremdet zu werden. Man zieht sie mit Gewalt in gesellige Kreise, um zur allgemeinen Erheiterung beizutragen. Sie fühlen sich daselbst heimisch und geschmeichelt, weil sie sehr beliebt sind und die erste Rolle spielen.

Die Annehmlichkeit für die Eltern, zu wissen, daß die Söhne hinsichtlich der Erfüllung ihrer Pflichten im Dienste der Musen eben so controlirt wären, wie später im Dienste des Waldeigenthümers — soll gar nicht entscheidend sein.

Fragen wir noch, ob eine Controle praktisch durchzuführen und wie sie einzurichten sei? Wenn die Regierung auf einer Durchführung ernstlich besteht, so werden auch die Mittel nahe liegen. Die Einrichtungen auf den polytechnischen Instituten zu Paris, Carlsruhe, in den Predigerseminarien u. s. w., dürften Anhaltspunkte liefern.

§. 14.

Sechster Abschnitt. Lehr- und Prüfungs-Gang bei gleichzeitiger Verbindung des praktischen Unterrichts mit dem theoretischen.

Eine gleichzeitige Verbindung der Praxis mit der Theorie influirt in mancherlei Beziehung auf Einrichtung des gesammten forstlichen Unterrichtswesens. Sonach dürfte es gerechtfertigt sein, auch diesen Punkt in vorliegender Schrift soweit als nöthig zu berühren.

1) Gewiß erscheint es wünschenswerth, daß der junge Mann nach einem gewissen Plane studire. Dessen Bestimmungen brauchen nicht zu speciell und beengend zu sein. Es genügt wenn er sämmtliche Lehrgegenstände in eine Reihe größerer Gruppen bringt, welche in so fern einen angemessenen Lehrgang angibt, als immer für die nöthigen Vorkenntnisse gesorgt ist, wenn eine Gruppe nach der andern absolvirt wird. Der Eleve, welcher die Fächer kraus und bunt durcheinander studirt, wird oft einen Bau aufführen wollen, ehe das Fundament gelegt ist. Ein Wegweiser erscheint ihm nöthig, weil er noch keinen Ueberblick über das Fach besitzt. Er muß ihm nur um so erwünschter sein, wenn die Summe der Lehrgegenstände durch das Hinzukommen eines praktischen Unterrichts noch vermehrt wird.

Eine ähnliche Bewandniß hat es mit den Prüfungen.

Die Summe der Vorbereitungs-, Hilfs- und Nebenfächer, sowie die Hauptzweige der Forstwissenschaft ist eine sehr beträchtliche. Sie überschreitet in vielen Ländern die Zahl 30.

Möchte es sich nun empfehlen, darin mit dem Candidaten auf einmal eine continuirliche theoretische und (was die Hauptzweige anlangt) praktische Prüfung vorzunehmen?

Das Examen erfordert eine ganz eigenthümliche Art des Wissens.

Man kann behaupten, daß Jemand eine Wissenschaft vollständig durchdrungen hat, wenn er sie anzuwenden versteht und immer als Werkzeug bei der Hand hat, sobald sie zur Erreichung irgend eines Zweckes nöthig ist. Dagegen braucht er sie nicht auswendig zu wissen. Es genügt, wenn er das Entfallene alsbald durch Nachschlagen wieder finden kann.

Bei dem Examinand reicht diese Art des Wissens nicht hin. Er muß das Material in vieler Beziehung auch dem Gedächtniß so eingeprägt haben, daß er es zur Beantwortung von Fragen sogleich vollständig aus dem Kopfe holen kann. So genügt z. B. nicht das bloße Verständniß einer Formel und ihrer Entstehung. Er soll die Entwicklung selbst machen können. — Aus diesen Gründen wird selbst ein Docent der Forstwissenschaft nicht im Stande sein, zu jeder Zeit eine vorgeschriebene forstliche Prüfung zu bestehen. Ein hierzu nöthiges ständiges au fait Sein in allen Fächern zugleich lieferte nicht sowohl den Beweis von einer wissenschaftlichen Ausbildung, als vielmehr von einer erbarmungslosen Gedächtnißquälerei.

Sonach könnte der Zweck einer zusammenhängenden Prüfung von dem einer intermittirenden nur darin verschieden sein, als bei ersterer außer dem Grad der Kenntnisse auch die Stärke des Gedächtnisses untersucht werden sollte. Soll aber nicht die Erreichung eines solchen Nebenzwecks beabsichtigt werden, so kann man auch dem Candidaten die große Anstrengung ersparen, den ganzen Wust des Wissens auf einmal (s. v. v.) brühwarm in den Kopf zu schaffen und ihm die Erleichterung gewähren, die Fächer in angemessenen Abtheilungen und Intervallen nach und nach zu absolviren. Dieß Verlangen möchte um so gerechtfertigter sein, als in jedem einzelnen Fache viel mehr verlangt und geleistet werden kann, wenn sich die Kräfte immer wieder auf ein kleines Gebiet concentriren dürfen. Alsdann vermag das Gehörte besser verdaut und durchdrungen zu werden. Endlich strengen die dann kurz dauernden Examinas nicht so über Kräfte an und matten nicht in der Art ab, daß ceteris paribus die letzten Arbeiten den ersten an Güte nachstehen.

Wollte man die Fächer nicht trennen, sondern in allen gleichzeitig prüfen, aus Besorgniß, der Candidat möchte sonst die früher erworbenen Kenntnisse wieder vergessen, so müßten folgerichtig auch die Beamten periodische Examinas bestehen.

Wer einmal einen Fachzweig gründlich studirt hat, wird niemals außer Stande sein, Alles damit zu erreichen, was überhaupt seine Aufnahme in den Studienplan veranlaßt hat.

Anlangend die Gruppirungen der Lehrgegenstände für die verschiedenen Prüfungen, sowie deren Reihenfolge, so könnte die Einrichtung bei den Medicinern als Vorbild dienen, welche uns in Organisirung des Unterrichts vorausgeeilt sind.

a) Vor Allem wären die Prüfungen in den Vorbereitungs-, Hilfs- und Nebenfächern von der Hauptfachprüfung zu trennen.

In dieser Beziehung sagt Carl Heyer: „Die Erfahrung „hat sattsam gelehrt, daß eine gleichzeitige Prüfung in allen „Fächern das wissenschaftliche Studium unterdrückt und an seine „Stelle eine blose Gedächtnißübung tritt. Dieß kann nicht be„fremden, wenn man bedenkt, mit welcher Menge umfangreicher „und schwieriger Disciplinen der Examinand sich auf einmal und „ganz speciell befassen muß, um zu gleicher Zeit den An„sprüchen aller dieser Fachdocenten zu genügen.

„Die Beseitigung dieses Mißstandes wäre einfach dadurch „möglich, daß man den Studirenden gestattete, ja selbst vor„schriebe, vor ihrer Zulassung zur Hauptfachprüfung in den „Hilfsfächern Vorprüfungen zu machen und zu den letzten im

„Anfange jedes Semesters Gelegenheit eröffnete. Diese Anordnung gewährte zugleich folgende weitere wesentliche Vortheile.

„Der Studirende würde angeregt, gleich vom Anfange seiner „Studienzeit an, den häuslichen Privatstudien obzuliegen.

„Dieß ist außerordentlich wichtig. Denn ohne eine derartige Anregung kann er sich begnügen, nur in den ersten „Semestern eine angemessene Zahl Vorlesungen belegt und „fleißig besucht zu haben. Ohne jene Anregung braucht er nicht „an häusliche Nachhilfe, an Präparatorien und Repetitionen zu „denken, kann er den Anfang der Studienzeit an das Ende legen. „Die unausbleibliche Folge eines solch' verkehrten Studienganges „wäre, daß schon vom zweiten Semester an der, wenn selbst noch „so fleißig fortgesetzte Besuch der Lehrvorträge ohne allen „Nutzen und Interesse für den Studirenden bliebe, daß dieser „Besuch für ihn nur zu einer langweiligen, lästigen und alle Liebe „zum Fach erstickenden Frohnde würde, und daß das später nachfolgende sogenannte Studium auf ein bloßes saures Auswendiglernen unverdauter Materien hinausliefe. In diesem Falle „hoffte der Examinand die ihm abgehende Tiefe und Gründlichkeit der Kenntnisse durch eine möglichst große Masse von sterilem „Gedächtnißkram zu ersetzen, um zu seinem alleinigen Endziele „zu gelangen — nämlich „durchs Examen zu kommen". Ein „wissenschaftlich ausgebildeter Examinand sehnt sich wohl ebenfalls nach diesem Ziele, aber hauptsächlich um deswillen, um „später das eigentliche Studium seines Fachs, oder nur einzelner „Zweige desselben mit mehr Muse beginnen zu können. Dagegen „freut sich ein Examinand jener Klasse auf den Zeitpunkt, wo „er nach überstandenem Examen dem ganzen Studium auf immer „valet sagen kann, was insbesondere bei dem noch jungen Forstfach, welches ein fleißiges Fachstudium verlangt, von dem „größten Nachtheil ist.

„Von einer Einwirkung der Eltern oder Vormünder auf „bessere Benutzung der Studienzeit von Seiten der Studirenden „läßt sich im Allgemeinen nur wenig oder nichts erwarten.

„Werden aber Vorprüfungen in den Hilfsfächern vorge„schrieben, oder doch gestattet, so findet der Studirende dringende „Veranlassung zu einer gleichbaldigen zweckmäßigen Benutzung „seiner Studienzeit. Selbst der Sorglose wird durch das Bei„spiel seiner besser gesinnten Commilitonen zum Fleiße ange„spornt werden. Die Familien-Angehörigen können nun ein „Wort mit reden, weil sie wissen, daß derjenige, welcher eine „Vorlesung über ein Hilfsfach gehört, im nächstfolgenden Semester „sich schon der Prüfung unterziehen darf.

„Die Einrichtung dieser wissenschaftlichen Vorprüfungen „würde noch von der weiteren wohlthätigen Folge begleitet, daß „der Studirende mehr Sorgfalt auf die zeitliche Auswahl der „zu hörenden Vorträge verwendete. Sicher beschränkte er sich „von vorn herein vorzugsweise auf die Hilfsfächer und hielte auch „hier eine sachgemäße Reihenfolge ein, ließe die Hauptfachzweige „aber nachfolgen. Dieser Studiengang gewährte wieder den „großen Nutzen, daß der Studirende, beim Besuche der Haupt„fachvorträge mit den benöthigten Vorkenntnissen ausgerüstet, „jene leichter auffassen und eine gründlichere Bildung im Haupt„fach sich zu erwerben vermöchte, mit dem er zuletzt nur allein „beschäftigt sein würde."

b) Für die praktische Prüfung wären zu Ende jedes Semesters etwa die ersten 8 bis 10 Tage der Ferien zu bestimmen und zwar in dem Fache, welches gerade vorgetragen wurde. Hierfür sprechen dieselben Gründe, welche für Trennung der Prüfung in den Nebenfächern von der in dem Hauptfache angeführt wurden, namentlich Vermeidung allzugroßer Anstrengung, welche ein unmittelbarer Anschluß der praktischen Prüfung an die theoretische veranlassen müßte.

c) Das Schlußexamen könnte durch die theoretische Prüfung im Hauptfache gebildet werden.

An dieser Einrichtung ließe sich aussetzen, daß die theoretische Prüfung der praktischen nicht vorausginge. Dieß wäre jedoch ohne Bedeutung, sobald nur der theoretische Unterricht selbst entweder voraus, oder auch, wie hier, Hand in Hand mit dem praktischen geht. Solches kann aber ganz gut geschehen, sobald die theoretischen Vorlesungen über Waldbau und Forstbenutzung im Sommerhalbjahr abgehalten werden. Außerdem bildet nach der früheren Schilderung jeder Theil des praktischen Cursus ein abgeschlossenes Ganze. Die hierbei vorgetragene Theorie ist bei dem befolgten System, trotz ihrer aphoristischen Fassung, abgerundet und wegen ihrer sofortigen Anwendung durchaus verständlich.

2) Würden im Laufe des ersten Jahres ausschließlich die Neben- und Hilfsfächer gelehrt und geprüft, und ebenso die beiden folgenden Jahre dem theoretischen und praktischen Unterricht iu dem Hauptfache gewidmet, so könnte ein rationeller Studienplan befolgt und die vollen Kräfte immer wieder auf Erlernung einzelner Zweige concentrirt werden. Eine dreijährige Studienzeit reichte zur Ausbildung nach all' den genannten Richtungen vollkommen hin.

Schon aus dem früher Mitgetheilten geht hervor, daß in das Bereich des praktischen Unterrichts nicht die Erlernung der mechanischen Geschäftsführung zu ziehen sei. Hiervon darf die edle Zeit des Studirenden nicht absorbirt werden. Er lernt den Geschäftsgang u. s. w. als Accessist, Gehilfe u. d. m. hinlänglich kennen.

3) Die Wiederholung der genannten Prüfungen in einem späteren sogenannten Staatsexamen könnte eigentlich nur eine Controle bezwecken wollen. Solche wäre aber schon zu erreichen durch Zuziehung eines Regierungscommissärs, welcher assistirte,

oder an der Leitung des Examens Antheil nähme. Dem Candidaten würden auf diese Weise die Anstrengungen u. s. w. einer doppelten Prüfung erspart.

Nach Dr. Carl Heyer „wäre die Prüfung so einzurichten, „daß sie einer Staatsregierung volle Gewißheit über den Grad „des Umfangs und der Tiefe der wissenschaftlichen Kenntnisse „des Examinanden, sowie die Sicherheit gewähre, daß nicht un„befähigte Subjecte in den Staatsforstdienst Zutritt erhalten. „Hierzu bedarf es nur einfacher Mittel : einmal die Bestellung „einer gemischten Prüfungs-Commission (wenigstens für die „Hauptfachprüfung), zusammengesetzt aus den Hauptfachlehrern „und einem oder zwei von der Staatsregierung hierzu bestellten „Forsttechnikern, welche gemeinschaftlich die dem Examinanden „vorzulegenden schriftlichen Fragen zu berathen, die schriftlichen „Antworten zu censiren und die mündliche Prüfung zu besorgen „hätten; zum andern eine möglichst strenge Clausur für die „schriftliche Prüfung, welche den Gebrauch unerlaubter Hilfs„mittel verhindert.“

---

§. 15.

Dritter Titel. Ertheilung des praktischen Unterrichts, wenn dieser nach dem theoretischen erfolgen soll.

Im vorhergehenden Abschnitt wurde vorausgesetzt, daß Theorie und Praxis getrennt und neben einander gelehrt werden. Beide sollen sich gegenseitig ergänzen, zu ihrem Verständniß wechselseitig beitragen und ihre Grundlagen einander bauen helfen. Daß dieses System ausführbar, hat die Erfahrung bestätigt, und beweist vor Allem das Beispiel der Mediciner.

Die Medicin und Forstwissenschaft bieten in der Unterrichtsmethode gar mancherlei Analogieen dar. In beiden Fächern verdanken die wichtigsten Branchen ihre Ausbildung hauptsächlich der Erfahrung, sowie einer gründlichen Kenntniß und Anwendung der Naturwissenschaften. Bei beiden hat eine praktische Ausbildung der Anwendung der Wissenschaft im öffentlichen Leben und Interesse vorauszugehen und auf besondern Lehranstalten zu erfolgen.

Sprechen nun auch sehr gewichtige Gründe dafür, theoretischen und praktischen Unterricht neben einander zu ertheilen, so mögen vielleicht eben so erhebliche und noch triftigere die Ansicht zum Durchbruch bringen, daß der letztere dem erstern nachzufolgen habe und auf einer besondern, für sich bestehenden Anstalt ertheilt werde.

Man könnte dann dem praktischen Unterricht eine viel größere Ausdehnung geben, in dem Examen viel größere Anforderungen machen; das Interesse am Unterricht wäre bei dem schon etwas gesetzteren Alter der Eleven ein lebhafteres, und eine unausgesetzte Betheiligung daran leichter zu realisiren; endlich könnte man auch noch die Erlernung des Geschäftsbetriebs mit in seinen Kreis ziehen.

Wohl von derartigen Gesichtspunkten mag Carl Heyer ausgegangen sein, als er besondere praktische Forstlehranstalten gegründet haben wollte, „in welche die Forstcandidaten nach überstandener theoretischer Hauptfachprüfung einzutreten und darin wenigstens 1 Jahr und besser 1½ Jahre auszudauern hätten.“ Wohl von jenem Standpunkte aus suchte er ferner sein Problem zu lösen, als er dem Unterricht die Grenzen so absteckte, wie sie in seinem Plane (vid. Anmerkung) für Einrichtung praktischer Forstlehranstalten gezeichnet sind.

„Der aus ihnen entlassene junge Mann sollte — nach etwa einem weiteren ½jährigen Acceß bei einer Directivbehörde —

„eben so vollständig zur Uebernahme eines Staatsdienstes ausgebildet sein, wie der aus einem Predigerseminar kommende „Kandidat zur Verwaltung einer Pfarrei.

„Zur Gründung einer solchen Forstlehranstalt bedürfte es „nur zweier an einem Orte wohnender, theoretisch und praktisch „gründlich ausgebildeter Localbeamten (Revierförster, Oberförster). „Dieselben müßten durch zwei Gehülfen in der Verwaltung ihrer „zu Lehrforste dienender Reviere unterstützt werden. Sie hätten „sich in den zu gebenden Unterricht zu theilen, resp. sich gegen-„seitig zu unterstützen. Sodann bedürfte es einer angemessenen „jährlichen Summe zur Anschaffung der praktischen Unterrichts-„mittel, wie von Instrumenten, Sammlungen u. s. w."

Als die passendsten Orte für den Sitz solcher Institute möchten wo möglich die jetzt bestehenden Forstlehranstalten gelten. Hierfür spricht besonders, daß den Praktikanten Gelegenheit gegeben ist, noch manche theoretische Vorlesung zu hören, die Sammlungen und andere Hilfsmittel wissenschaftlicher Ausbildung zu benutzen und daß den Ausländern die Gelegenheit geboten ist, sich an dem Unterricht nach Belieben zu betheiligen.

Es ist zu bedauern, daß Carl Heyer seine Ansichten über die innere Einrichtung und Ausstattung eines solchen Instituts, über die Zeitfolge und Art des Vortrags der Unterrichtsgegenstände nicht näher ausgesprochen hat. Nur im Allgemeinen sagt er: „die organische Einrichtung einer solchen Anstalt müsse „darauf berechnet sein, den Candidaten den praktischen Nutzen „und die praktische Anwendung ihrer theoretischen Fachkenntnisse „genau zu veranschaulichen, und sie in allen Theilen der schrift-„lichen und praktischen Geschäftsführung des niederen und höheren „Staatsforstdienstes möglichst gründlich und systematisch auszu-„bilden. Zu dem Ende würde es nöthig sein, daß die Lehrer „der Anstalt auch einige theoretische Vorträge hielten, wie über „Geschäftsstyl, allgemeine Landesgesetzkunde, über bestehende Ver-

„ordnungen und Instructionen für Verfassung und Verwaltung „des Forst-, Jagd- und Fischereiwesens."

Bezüglich der praktischen Prüfung sagt er noch schließlich: „dieselbe hätte nach Beendigung des Cursus in der Anstalt statt „zu finden unter Berücksichtigung der von den Praktikanten „während des Unterrichts vollständig gefertigten schriftlichen und „sonstigen Arbeiten."

Notizen

für die praktische Forstlehranstalt (von Dr. Carl Heyer).

I. **Theoretische Vorträge.**

1) Geschäftsstyl mit praktischen Uebungen.
2) Cameral-, besonders Rechnungswesen.
3) Anleitung zum Planzeichnen mit praktischen Uebungen.
4) Staats-Verfassung und Organisation.
5) Allgemeine Landesgesetzkunde.
6) Anleitung zur Staatsforst-, Jagd- und Fischerei-Verfassung und Verwaltung mit Hinweisung auf die desfalls bestehenden Gesetze, Verordnungen, Instructionen und Vorschriften — und mit vergleichender Beachtung der betreffenden Verordnungen u. s. w. verschiedener deutschen Staaten.
7) Staatsforstpolicei-Verfassung und Verwaltung.

II. **Praktische Uebungen im Walde u. s. w.**

1) Forstnaturgeschichte. Aufmunterung und Anweisung der Praktikanten zur Anlegung von Privatsammlungen von Mineralien, schädlichen Insekten, Herbarien, Baumsaamen-, Holz-Sammlungen, Ausbalgen von Thieren.
2) Waldbau.
   A) künstlicher Kulturbetrieb.
      a) Saaten. Verschiedene Bodenbearbeitungen für Voll-, Riefen-, Platten- und Punksaaten, Aussaat und Unterbringen des Saamens.
      b) Pflanzungen. Anzucht, Ausheben, Beschneiden, Transport, Einsetzen, Verwahren der Pflanzen u. s. w.
   B) Natürliche Nachzucht. Anlage, Form, Richtung der Verjüngungsschläge; Stellung derselben (Vorhiebe, Saamenschläge, allmählicher Abtrieb); Nieder- und Mittelwaldabtriebe.

C) Erziehung der Bestände. Ausjätungen, Durchforstungen, Aushieb alter Stämme in Stangenhölzern, Entastungen u. s. w.

D) Umwandlung von Holz- und Betriebsarten.

3) Waldbenutzung und Technologie.

A) a) Versuche über physikalische Eigenschaften der Waldnutzungsgegenstände, besonders des Holzes; z. B. Specifisches Gewicht des Holzes u. s. w. nach Holzarten und Baumtheilen in frischem und trocknem Zustande; über Festigkeit, Dauer u. s. w. des Holzes u. s. w.

b) Erndte der Forstproducte, wie die des Holzes (verschiedene Fällarten der Bäume durch Ausroden u. s. w.), der Rinde, Früchte und Saamen, Baumsäfte, Blätter, des Grases u. s. w., Jagd, Fischerei! Nummeriren des Holzes.

c) Aufbewahren derselben, insbesondere verschiedene Arten der Aufbewahrung der Baumsaamen zur Kultur u. s. w.

B) Technologie, z. B. Saamenklengen, Holzverkohlung, Pech-, Theer-, Rußbereitung.

C) Wald-, Weg- und Brückenbau. Nivelliren der Wege, Bau derselben, der Brücken, Durchlässe, Mulden u. s. w.

4) Forstschutz.

A) Abgränzung der Wälder.

B) Anlage von Schutz- und andern Gräben.

C) Entwässerungsanlagen.

D) Maaßregel gegen schädliche Insekten, Mäuse, Stürme, Frost, Hitze, Unkräuter u. s. w.

E) Handhabung des Forstschutzes gegen Frevel u. s. w.

5) Forststatik. Insbesondere Untersuchungen über Naturalerträge an Waldproducten nach Verschiedenheit der Standorte, Holz- und Betriebsarten Holzalter u. s. w., namentlich Holzzuwachserträge (an Haupt- und Zwischennutzungen, Anfertigung von Holzzuwachstafeln); sodann an Rinde, Früchten, Saamen, Säften; an Laub, Moos und anderer Waldstreu, an Weide. — Ferner Einfluß der Nebennutzungserndte auf die Hauptnutzungserträge nach Maaßgabe aller influirenden Verhältnisse u. s. w.

6) Waldertragsregelung. Jeder Praktikant muß einen Wald regeln und dabei die verschiedenen Methoden anwenden. Abwechslung mit den Wäldern. Unterstützung dabei durch Lieferung der Daten. Bestimmung dessen, was der Praktikant selbstständig arbeiten muß.

A) Vorarbeiten. Bildung der Betriebsklasse, Abtheilungen, Unterabtheilungen, Wegregelung, Vermessung, Kartirung, Bonitirung, Bestimmung der Holz- und Betriebs-Arten, Umtriebszeiten, Umwandlungen; Aufnahme der Holzvorräthe und des Zuwachses, Aufstellung der Holzertragstafeln, Holzaltersklassentabellen u. s. w.

B) Regelung des Etats. Anfertigung der generellen, periodischen und jährlichen Betriebsplane, Anlegung der Controle u. s. w.

7) Waldwerthrechnung. Ermittlung des Kapitalwerths behufs der Theilung von Gesammtwäldern, zur Ablösung von Servituten, zur Besteuerung u. s. w. an gewählten Beispielen, insbesondere schon taxirten Wäldern.

III. **Forstgeschäftsbetrieb** (in der Stube und im Walde).

1) Registratur-Wesen (Ordnung u. s. w. der Akten).

2) Aufstellung und Fortführung der Domainen-Inventarien.

3) Einrichtung und Führung der Exhibitions-Protocolle.

4) Berichts- und Correspondenzwesen mit sub-, prä- und coordinirten Behörden.

5) Abschluß von Accorden für Waldarbeiten, Lieferungen, Pachtverträge u. s. w.

6) Gesammtes Forstrechnungswesen. Holzberichte, Tage-, Hand-, Holznummerbücher, Quartalsverzeichnisse, Verkaufsprotocolle, Bürgscheine, Abfuhrscheine, Naturalrechnungen, Lohn-Verdienstanweisungen, Creditcontrole, Einnahme- und Ausgabe-Voranschläge, Wirthschaftsplane, Buchhaltung für die Ertragsregelung u. s. w.

7) für die Forstpolicei: Frevellisten, Rügeregister, Abverdienstbücher; Jagdaufgang u. s. w.

IV. **Praktische Hilfsmittel.**

1) Local für Vorlesung, Sammlung u. s. w.

2) Bibliothek.

3) Sammlungen von Naturalien, wie von Baumsaamen, Holzarten, Insekten, Mineralien u. s. w.

4) Sammlung von Werkzeugen für Kultur, Erndte, Veredlung der Forstprodukte, für die Ertragsregelung.

5) Lithographirte Karten von den Waldungen der umliegenden Reviere.

6) Jagd und Schießstand; Waffenpässe.

7) Geld für Hilfsarbeiter.

V. **Honorar.**

VI. Weitere Excursionen $^1/_2$ jährlich oder jährlich. Diäten der Lehrer.

§. 17.

Schlußbemerkung.

Bei mehren Gelegenheiten wurde in dieser Schrift der Bildungsgang der Aerzte den Forstleuten als Beispiel hingestellt. Wohl könnte der Forstwissenschaft auch noch in einer andern höchst wichtigen Beziehung die Medicin als Vorbild dienen, nämlich in Specialisirung der Fachlehrer. Fast für jede Branche dieser Wissenschaft ist ein besonderer Lehrer angestellt, welcher fast ausschließlich damit beschäftigt ist. Kann er ihr seine ganze Kraft und Zeit widmen, so wird er sie zuletzt vollständig beherrschen, vorzüglich dociren und was besonders wichtig, weiter cultiviren können. Bei solcher Vertheilung der Arbeit mußte natürlich die immense Summe solcher intensiv wirkender Kräfte die rasche Ausbildung der Medicin außerordentlich beschleunigen. Nur dann wird unserm Fache ein gleiches Loos blühen, wenn eben so für jede seiner Branchen ein besonderer Fachlehrer angestellt ist, welcher dafür die Lehrforste benutzen und darin gleichzeitig einen theoretischen und praktischen Unterricht ertheilen darf. Wollte sich gegenwärtig ein Docent unserer Wissenschaft auf ein specielles Gebiet des Hauptfachs werfen, so hielte man ihn für höchst einseitig, vielleicht für seinen Beruf unfähig. Umgekehrt gälte in andern Fächern (Medicin, Jurisprudenz, Theologie u. s. w.) der für ein Vielwisser und ungründlich, welcher sich mit sämmtlichen Zweigen seines Faches in gleicher Weise beschäftigen wollte.

Mag es auch noch lange währen, so wird doch sicher einst die Stunde schlagen, in der das noch junge Forstfach mit gleicher Rücksicht behandelt wird und dann hinsichtlich seiner Entwicklung mit anderen Wissenschaften gleichen Schritt halten kann.

Anhang.

NB. Die nachfolgenden Noten stehen zu dem abgehandelten Gegenstand in etwas entfernterer Beziehung. Um nicht die Einheit zu stören, wurden sie besonders zusammengestellt. Sie sollen bloß beispielsweise zeigen, wie man verfuhr, um einestheils Schwierigkeiten zu beseitigen, welche sich den Anfängern im Fache in besonderm Grade darbieten, und um anderntheils denselben difficilere Fälle klar zu machen.

Note I zu Seite 24.

Abstecken von Probeflächen durch die Studirenden.

Das Legen von Probeflächen dürfte für die Eleven eine der schwierigsten Aufgaben sein. Geräth ja gewöhnlich auch der erfahrenste Praktiker in die größte Verlegenheit, wenn er diejenige Stelle suchen soll, welche die mittlere Bestandsbeschaffenheit repräsentirt. Nach unserer Ansicht ist es überhaupt nur mit Hilfe eines enormen Gedächtnisses und eines eigenthümlichen Talents möglich, kleinere arrondirte Probeflächen richtig zu wählen, namentlich in gebirgigem Terrain, wo die Bestandsverhältnisse einer Abtheilung auch bei normaler Beschaffenheit in ganz kurzen Entfernungen immer wieder andere werden, weil die Standortsverhältnisse so sehr wechseln. Eine Bestandsaussonderung nach diesen Abweichungen ist aber nicht ausführbar, auch gar nicht nöthig, so lange die verschiedenen Bonitäten denselben Zuwachsgang beigelegt bekommen. In allen derartigen Fällen empfiehlt sich beim Abstecken der Probeflächen ein mehr mechanisches Verfahren, welches ein besonderes Gedächtniß des Studirenden für Bestandsbilder nicht voraussetzt, und gleichwohl mit größerer Wahrscheinlichkeit, wie jedes andere, zum Ziele führen wird. Als Beispiel wählte man einen ausgedehnten Bestand, welcher bezüglich der Holzart, des Alters, des Schlusses und der Höhe mannigfach variirte. Nachdem nur die ungefähre Richtung auserſehen war, in welcher die verſchiedenen Beſtands-kategorien berührt wurden (wobei man an Bergabhängen von Oben nach Unten ging, weil alsdann die Baumlängen conſtant zunahmen) ließ man in jener Richtung eine Probefläche in einem ganz ſchmalen Streifen durch die ganze Abtheilung ziehen. Um zu vermeiden, daß in die ausgedehnten Grenzlinien der Fläche prädominirende Stämme fielen, ſuchte man ſich zuerſt eine möglichſt lange freie Gerade, von deren beiden Endpunkten aus kurze — die Breite der Fläche bezeichnende — Perpendikel von ziemlich gleicher Länge ſo abgeſteckt wurden, daß man von dem Endpunkte des einen den des andern erblicken konnte. An das Ende der abgeſteckten Geraden ſetzte man eine zweite an, die mit der erſten einen Winkel bilden durfte und verfuhr mit deren Perpendikeln wie vorher. Auf dieſe Weiſe bildete die ganze Probefläche einen Complex von an einander ſtoßenden Trapezen, welche in der Richtung hinzogen, in der unterſtellt wurde, daß ſich die mittlere Beſtandsbeſchaffenheit ausdrückte. — Stämme, welche auf den kleinen Ecken zwiſchen den Perpendikeln zweier anſtoßender Trapeze vorkamen, wurden natürlich als außerhalb der Fläche ſtehend betrachtet.

Note II zu Seite 42.

Obſtbaumzucht.

In den Forſtgärten der Oberförſterei Gießen wird die Obſtbaumzucht in großer Ausdehnung getrieben. Dieſelbe fand um ſo mehr Anklang, als man auf keinen Reinertrag reflectirt und die Stämmchen meiſt um einen Preis abgibt, welcher den Productionsaufwand deckt, und als die aus wärmeren Gegenden bezogenen Exemplare sich nicht recht acclimatisiren wollen, namentlich wenn die Sorten fein und die Lagen ungeschützt sind.

Beim Oculiren der Obstbäume fiel den Studirenden besonders schwer das Ablösen des Schildchens vom Holze, ohne das Augenstielchen von der Knospe loszureißen. Sie überwinden jedoch sehr bald diese Schwierigkeit durch Zuhilfnahme eines Federkiels, welcher in der Richtung seiner Axe halbirt und unten etwas abgestutzt, zwischen Holz und Rinde geschoben, jenes Stielchen vom Holze mit großer Sicherheit und Leichtigkeit trennt. Dieß geschieht in Anbetracht der Schärfe des Kiels an seinem unteren Durchschnitt und seiner mit der Form des Zweigs übereinstimmenden Wölbung der Seitenfläche. Das Ablösen des Schildchens mit Beihilfe des Messerchens mißglückt sehr oft und fordert schon eine sehr geübte Hand.

Bei andern Holzarten, z. B. Buchen, Rosen u. s. w. läßt sich aber das Knospenstielchen nicht vom Zweigholze trennen und muß von letzterm an der Verbindungsstelle ein Theil mit abgeschnitten werden, wenn man auf ein sicheres Anschlagen rechnen will.

Note III zu Seite 42.

Bereiten der Kulturerde.

Bei Bereitung der Kulturerde unterschied man je nach Art des Materials mehre Fälle und construirte demgemäß nach dem Bau verschiedene Meiler.

Unter Mithilfe der Eleven wurde der eine aus leicht brennbaren Substanzen, Heide, Heidelbeere u. s. w., ein zweiter aus Rasen aufgeschichtet. Bei letzterem, der am meisten Schwierigkeiten bietet, machte man die Zöglinge besonders darauf aufmerksam, wie die Rasen ganz dünne abzuschürfen und nach erfolgter Abtrocknung durch Klopfen mit dem Ohre der Hacke um so sorgfältiger von der Erde zu befreien sind, je thoniger der Boden ist; weil sonst eine Menge steriler Ziegelerde entsteht, welche ein alsbaldiges festes Zusammenballen der Kulturerde veranlaßt. Man wieß nach, daß dieses Festwerden ein sicheres Zeichen eines fehlerhaften Verfahrens ist, daß sich endlich bei einem dünnen Abschürfen des Rasens das anzuwendende Holz nicht bloß auf ein Minimum, sondern auch auf werthlose, schwache (Fichten u. s. w.) Reiser reduciren kann, wenn nur an der Basis des Quandels und um den Zündkanal etwas stärkere klein gehauene Holzstücke gelegt werden.

Einen dritten Meiler errichtete man aus Rasen, mit Beimengung einer kleinen Quantität Heide, was sich sehr empfiehlt, auch wenn die letztere von wo anders her beigefahren werden muß. Eben so kam schon früher ausgegätetes Unkraut und Composterde dazu, welche als Magazin von Unkrautsaamen große Kosten für Reinigen der Beete verursacht, wenn sie nicht durchgeglüht wird. — Bei Torfboden zeigte man, daß das Ausstechen der Rasenstücke bis auf die Sohle geschehen kann.

Note IV zu Seite 43.

Egalisirung junger, an Alter und Höhe ungleicher, Buchenheegen.

Da wo der Nachwuchs vor und nach Abtrieb des Oberstands an Alter und Höhe sehr verschieden ist, empfiehlt es sich, die hieraus entspringenden Nachtheile durch Gleichstellung der

Heegen möglichst zu beseitigen. Bei Ertheilung des Unterrichts unterschied man besonders zwei Fälle und wandte die nachfolgenden Principien an, welche den concreten Verhältnissen am angemessensten erschienen.

1) Erster Fall. Der junge Bestand reicht zur vollkommenen Bestockung aus.

a) Kommen jene Verschiedenheiten ganz bunt durch einander vor, und erscheint das ältere Holz geeignet und ausreichend zur Bildung eines vollständigen Bestands, so bleibt Alles der Natur überlassen. Die nicht aufkommende Klasse gilt als Bodenschutzholz, ein Theil derselben fällt auch vielleicht der Durchforstung anheim. Gebührt dagegen dem jüngern Holze zur Bestandsbildung der Vorzug, so kann das ältere als Vorwuchs ganz vertilgt werden, wenn ersteres binnen Kurzem sich vollständig schließt. Wenn nicht, so ist die vorgewachsene Klasse so zu verkürzen, daß ihre Ausschläge, Triebe u. s. w. mit der jüngern gleichen Schritt halten.

b) Sind die Alters- und Höhen-Unterschiede mehr horstweis geschieden, so setzt man die kleineren älteren Horste zurück und stutzt die größeren an den Rändern dachförmig ein, so daß die Verschiedenheiten mehr allmählich in einander verlaufen.

2) Zweiter Fall. Der junge Bestand reicht zur Bestockung nicht vollständig aus. Jede einzelne Pflanze, sonach auch aller Vorwuchs, soll zur Bestandsbildung möglichst benutzt werden, weil die Mastjahre selten eintreten, und einer ausgedehnten künstlichen Buchencultur sich zufällig mancherlei Hindernisse entgegenstellen.

a) Kommen die Verschiedenheiten wieder pêle-mêle vor, so hat man zu egalisiren. Kleine Lücken sind besonders mit Fichten auszufüllen, größere wohl auch mit Kiefern, und nur die Ränder mit Fichten zu versehen.

b) Bei horstweisem Vorkommen der Altersklassen sind die höheren Horste nur dann zurückzusetzen, wenn auf ein Prosperiren der Ausschläge sicher zu rechnen ist. Denn es können z. B. kleinere ältere Horste, da wo Frost und Wildschaden zu besorgen sind, nach dem Zurücksetzen sehr leicht Frostlöcher veranlassen, wenn der umgebende jüngere Nachwuchs schon etwas aufgewachsen ist. Hier hat man sich bloß auf ein Ausästen der Stämmcheu zu beschränken und die Lücken mit Fichten auszufüllen.

Die Fichte vermag durch ganz schmale Zwischenräume sich durchzuarbeiten vermöge ihrer Zählebigkeit, verbunden mit dem Bestreben, in ganz spitzer Kegelform senkrecht mit langen Mitteltrieben emporzuschießen. Aus diesem Grunde soll man auch nicht verzweifeln, in jüngeren, an Alter und Höhe ungleichen und sehr lückigen Fichtenbeständen eine normale Bestockung zu erzielen. Werden die Blößen mit etwas stärkeren Fichtenpflanzen rekrutirt, so prosperiren gleichwohl alle Individuen. Der Schluß stellt sich her, und die Höhenunterschiede gleichen sich mit der Zeit ziemlich aus, wenn man nur die Seitenzweige der vorgewachsenen so viel einstutzt (nicht an den Stämmen kahl wegnimmt), daß die dünnen Mitteltriebe der geringen Klasse in schmalen Schluften passiren können. — Bei Buchen und anderen Holzarten, deren Kronen die pyramidale Form um so mehr verlassen und zur kugeligen sich hinneigen, je freier sie stehen, wäre bei gleicher Behandlungsweise nicht dasselbe Ziel zu erreichen.

3) Kehren wir wieder zur Behandlung unregelmäßiger Buchenheegen zurück und berühren noch kurz Zeit und Art des Zurückschneidens im Allgemeinen. — Das Verkürzen muß im Frühjahr geschehen (etwa Anfangs März), um ein Losfrieren der Rinde zu verhüten. Hat der junge Bestand noch Schutz durch Oberstand, so kann das Abschneiden dicht an der Erde erfolgen, wenn solches behufs des Egalisirens wünschenswerth erscheint. Im andern Falle, wenn Frost und Wildschaden drohen, möchte das Abwerfen um so höher geschehen, je schwächer die Stämmchen sind und die ganz schwachen wären wie zu versetzende Pflänzlinge zu behandeln und nur etwas einzustutzen. Dieses Einstutzen empfiehlt sich auch bei stärkerem Nachwuchs, wenn der zu verkürzende vorgewachsene Theil nur mit seinen schwächeren Parthien über den geringeren hinausragt. — Im Allgemeinen wird der Wiederausschlag bis zu der Altersgränze, wo er überhaupt noch mit Sicherheit zu erwarten ist, um so kräftiger, je stärker das Stämmchen und je ausgebildeter deshalb das Wurzelsystem ist. Die Lohden wachsen dann gewöhnlich schon im ersten Jahre über die gefährlichste Frostregion hinaus. Erfrieren auch ihre Spitzen, oder werden diese vom Wilde abgeäst, so bleiben immer noch längere Stücke übrig, welche sich, in Folge der einem stärkeren Stocke innewohnenden Reproductionskraft, bald erholen und jener verhängnißvollen Sphäre entwachsen. (Schaden durch Wild äußert sich besonders in unregelmäßigen jüngeren Beständen. Jenes steckt sich in die dichteren und höheren Parthien und besucht von da aus die lichteren, grasigen Stellen. Hier äst es die Pflanzen mit ab und läßt sie um so weniger auf und zum Schluß kommen, als sich auch gewöhnlich noch Frostschaden hinzugesellt. Deshalb trägt Sorge für frühzeitigste und normale Bestockung wesentlich zur Verhütung des Wildschadens bei).

Verbleiben aber an ungünstigen Stellen den schwächeren Stöcken hinlänglich hohe Stammtheile, so addirt sich deren Länge zu der Größe der oberen Triebe, und macht sich die Folge dieses günstigen Umstands geltend.

Aehnliches Verhalten zeigen in Eichenniederwaldungen die schwächeren Pflanzen, welche längere Zeit vor dem Abtrieb auf leeren Stellen einzeln oder horstweise eingesetzt werden, oder aus Saat entstanden sind. Werden diese beim Abtrieb des Bestandes kurz abgeschnitten und von den Lohden der stärkeren Stöcke überwachsen, so hält ihren Ausschlägen bei

Frost- und Wildschaden das Aufkommen sehr schwer, wenn auch die Schleifreiser und überhängenden Aeste aus ihrer Umgebung entfernt werden. Auch hier möchte sich ein bloßes Einstutzen empfehlen, dagegen ihr Abtrieb zuerst im folgenden Turnus, wenn ihr Wurzelsystem dem der ältern Stöcke mehr das Gleichgewicht hält. Von selbst versteht es sich, daß die in den Buchenheegen vorgewachsenen lichtbedürftigen Holzarten (Eichen, Eschen, Ahorn) unverkürzt bleiben.

Note V zu Seite 49.

Anstellung forststatischer Untersuchungen auf einer praktischen Forstlehranstalt.

Die Ursache, daß die Anstellung von forststatischen Untersuchungen bis jetzt noch so wenig Anklang gefunden, möchte auch besonders darin liegen, daß man sich die Schwierigkeiten größer vorstellt, als sie sind; daß man zu bequem ist, sich nachträglich die nöthige Geschicklichkeit u. s. w. anzueignen, wenn eine frühere Anleitung gefehlt hat; daß einzelne Versuche ganz isolirt dastehen, und die damit verbundene Mühe in so ferne nicht anerkannt und belohnt wird, als jene Versuche gewöhnlich ignorirt bleiben und von der Wissenschaft nicht aufgegriffen werden zur Lösung schwebender Fragen.

Vieles spricht dafür, daß nur von den nachfolgenden Generationen der Forstleute die Forststatik einen ernstlichen Anfang ihrer Ausbildung zu erwarten hat. Deßhalb ist es vor Allem Pflicht der Forstschule, die Anregung dazu zu geben, was besonders dadurch geschieht, daß die Zöglinge mit dem Verfahren auch praktisch bekannt gemacht werden. Sie müssen die besonderen Schwierigkeiten überwinden lernen. Ihr Interesse für diesen Gegenstand ist durch Einhaltung einer Methode zu erregen, welche den Nachweis liefert, daß in kürzerer Zeit auch der Einzelne etwas zu schaffen vermag, was für seine Localitäten zu mehr, als blos speciellen Schlüssen zu benutzen ist, weil es zugleich als werthvoller Beitrag zur Erforschung allgemeinerer Naturgesetze dienen kann.

Dieses Ziel dürfte erreicht werden, wenn man bloß die schwierigsten Theile der Forststatik in den Kreis des Unterrichts zöge, worin es sich weniger um ein Aufsuchen absoluter Größen handelt, als vielmehr um Bildung relativer und procentischer Zahlen; und wenn die Zöglinge gelehrt würden, die von ihnen gefundenen Resultate zu benutzen, um bereits bekannte Zahlen und Gesetze zu vervollständigen resp. zu verbessern.

Um z. B. den Einfluß eines jährlichen Streuentzugs auf den Holzertrag zu ermitteln, wären in Beständen verschiedenen Alters und derselben Holzart in einem jeden zwei Probeflächen von angemessener Größe, die übrigens gar nicht ermittelt zu werden braucht, abzustecken. Auf der einen erfolgte gar keine, auf der andern jedes Jahr eine Streunutzung. Nach genauer Beschreibung der Bestands- und Standorts-Verhältnisse wären jährlich, oder alle zwei Jahre die Umfänge aller Stämme und die mittlere Bestandshöhe zu messen, der anfängliche Holzgehalt bei beiden = 1,000 zu setzen und in Theilen dieser Einheit alle späteren Massenergebnisse auszudrücken. Angenommen es sei bei 60jährigem Bestandsalter:

a) Vorrath im 1. Jahre auf Nr. I = 350 = $\frac{350}{350}$ = 1,00000

" 〃c. " " 〃c. 〃c.

" 5 " " " = 375 = $\frac{375}{350}$ = 1,07143

b) " 1 " " Nr. II = 425 = $\frac{425}{425}$ = 1,00000

〃c. " 〃c. 〃c.

5 " " = 433,5 = $\frac{433,5}{425}$ = 1,02000

und auf Nr. II die Streunutzung erfolgt, so hätte diese 5malige jährliche mit dem 60jährigen Alter begonnene Nebennutzungs-Erndte in der Altersperiode von 60 — 65 = 1,07143 — 1,02000 = 0,05143 also 5,143 Procent Einbuße am Holzertrag veranlaßt. Die absoluten Größen der Massen sind irrelevant. Gerade da, wo die Streunutzung statt fand, war und blieb die Holzmasse eine größere, trotz des starken Zuwachsverlustes.

Es ist sehr wahrscheinlich, daß auch keine zwei Flächen existiren, deren Bestands- und Standortsverhältnisse identisiren. Deshalb muß gestattet sein, Glieder von verschiedener Beschaffenheit zusammenzufassen. Die Abweichungen dürfen aber gewisse Grenzen nicht überschreiten, innerhalb welcher als homogen zu betrachtende Bestände in eine Gruppe gebracht werden, sei es, um nur einzelne, unter einander vergleichbare Untersuchungen anzustellen, sei es, um ganze Größen-Scalas für umfassende Lebensabschnitte zu bilden. Gerade diese obersten und untersten Grenzen der Bestands- und Standorts-Verschiedenheiten dürfen aber bei derartigen forststatischen Untersuchungen ziemlich weit ausgedehnt werden, sobald ein dem obigen analoges Verfahren Anwendung findet.

Ganz nach denselben Principien wäre zu verfahren bei Ermittlung des Einflusses der Pflanzweite auf den Holzertrag.

Anlangend die Aufstellung von Ertragstafeln, so hat der Verfasser die bezüglichen Verfahren breits früher in der Allgemeinen Forst- und Jagd-Zeitung und in seiner Schrift „Flächentheilung und Ertragsberechnungs-Formeln" veröffentlicht.

Eine derartige Anstellung und Fortsetzung forststatischer Untersuchungen von Seiten der Studirenden und die denselben gegebene Anleitung, die Resultate zu richtigen Schlußfolgerungen zu benutzen, würde wenigstens für die nächste Zukunft ein ernstliches Zusammenwirken der jungen forstlichen Kräfte zur Erstrebung des Zieles in Aussicht stellen.

Druckfehler.

Seite 89 statt §. 17 lies §. 16.

Druck von Wilhelm Keller in Gießen.

FSC
www.fsc.org
MIX
Papier | Fördert gute Waldnutzung
FSC® C083411

Zeitfracht Medien GmbH
Ferdinand-Jühlke-Straße 7
99095 Erfurt, Deutschland
produktsicherheit@kolibri360.de